Claudia Guther

Paletten-Möbel bauen

Originelle Projekte für drinnen und draußen

Weltbild

Inhalt

DRINNEN

Loft

Esszimmer

Atelier

Flur

DRAUSSEN

Alles paletti?!

– Möbel aus gebrauchtem Holz

Selbst gebaute Möbel und Dekorationen aus gebrauchtem Holz sind momentan überall zu sehen. Tisch, Sofa, Bett, Regal – Paletten und Weinkisten bieten sich als einfaches Ausgangsmaterial für Möbel an. Ihre unverwechselbaren Gebrauchsspuren machen sie zu einem ganz besonderen Blickfang. Und mit der Wiederverwendung als Recyclingmöbel ist der ökologische Aspekt ein zusätzlicher Bonus. In diesem Buch möchte ich viele bunte Anregungen bieten, gemeinsam kleine Familienprojekte für die Einrichtung im eigenen Heim und ums Zuhause zu bauen. Das Holz ist relativ einfach zu verarbeiten, sodass sich auch weniger erfahrene Heimwerker an ein Möbelbauprojekt wagen können.

Grundsätzlich gilt, dass jedes Projekt in diesem Buch auch mit eigener Kreativität erweitert und modifiziert werden kann. Es gibt neben aufwändigeren Stücken auch einfache Konstruktionen, die kaum handwerkliche Fertigkeit brauchen, sondern mehr farbliche Finesse.

Lassen Sie sich inspirieren: Ob Sie den Blumenkasten lieber in Weiß statt in Aubergine streichen möchten, weil er dann besser zur Sitzgruppe passt, das bleibt Ihnen überlassen. Bevor Sie den Hammer schwingen, möchte ich Ihnen auf den folgenden Seiten eine kurze Einführung zu Paletten an die Hand geben, damit Sie mit Verständnis und Tipps gerüstet sind. Und nicht nur das: Bedenken Sie, bei umfangreicheren Projekten sind neben technischem Geschick vor allem genügend Zeit und Platz zum Bauen wichtig. Und manchmal die helfende Hand eines Gesellen, der nicht nur die Latte zum Verschrauben an die richtige Stelle hält, sondern auch mit fachmännischem Auge die Farbauswahl beurteilt.

Ich hatte bei meinem Familienprojekt viel Spaß beim Hämmern, Sägen, Streichen und Konstruieren. Ich wünsche Ihnen inspirierende Möbelbau-Momente mit diesem Buch und hoffe, am Ende ist alles paletti!

Ihre

Kleines Paletten-1x1

Bevor Sie anfangen mit Paletten zu arbeiten, sollen Sie ein paar grundlegende Informationen erhalten. Man unterscheidet zwischen zwei unterschiedlichen Palettensorten: den Mehrwegpaletten und den Einwegpaletten. Mehrwegpaletten sind in einem Tauschpool und werden mehrfach verwendet, Einwegpaletten werden üblicherweise nur einmal gebraucht.

Die **Einweg- oder Exportpalette** hat nur einen Weg – vom Hersteller zum Kunden. Sie kann aus Holz, Pressholz, Kunststoff oder Wellpappe bestehen und wird üblicherweise nach Verwendung entsorgt. Daher sind diese Paletten gebraucht oft kostenfrei bei Firmen zu bekommen. Einwegpaletten haben kein genormtes Maß, häufige Formate sind das Euromaß (1200 mm x 800 mm), Halbeuromaß (800 mm x 600 mm), Vierteleuromaß (600 mm x 400 mm) und Containermaß (1140 mm x 1140 mm). Es können jedoch auch individuelle Maße vorkommen, genauso wie Querlattung oder Längslattung und deren unterschiedliche Dichte.

Die **Europoolpalette** bzw. **Europalette** ist die gängigste Mehrwegpalette im Transportbereich und gehört zum Tauschsystem des Europools.

Sie ist genormt und hat die Maße 1200 mm × 800 mm × 144 mm (EUR-2) sowie ein Eigengewicht von 20–25 kg. Da sie viel im Einsatz und mehrfach unterwegs ist, hat eine gebrauchte Europalette durch die Nutzungsspuren einen eigenen Charakter, der sie besonders macht. Es gibt Unternehmen, die befugt sind, die Europaletten zu reparieren und zu tauschen, man unterscheidet daher in drei Gebrauchskategorien: neu, gebraucht 1. Wahl und gebraucht 2. Wahl. Gebraucht 1. Wahl bezeichnet gut erhaltene Paletten, die 2–3 Mal im Einsatz waren; 2. Wahl sind meist reparierte Paletten, die schon dunkel geworden sind oder andere Nutzungsspuren aufweisen. Derzeit beträgt der aktuelle Marktwert einer Europalette, je nach Zustand und Behandlung, ca. 8,50 Euro. Hier ist zu unterscheiden zwischen dem Verkaufswert einer Europalette und der erhobene Kaution bzw. Miete von Unternehmen.

Beschriftung

Es gibt einige Bezeichnungen, die auf Europaletten oder auch Einwegpaletten stehen. Hier ein paar kurze Hinweise zur Bedeutung, die Sie in Ihrer Wahl berücksichtigen können.

EUR	Palette europäische Norm
OEBB	Palette Eigentum der österreichischen Bundesbahn (hier weicht das Maß ab)
MAW	Palette Eigentum der ungarischen Bahn
DBB	Palette Eigentum der deutschen Bahn
FI	Palette Eigentum der italienischen Bahn
EPAL	Gütezeichen steht für interne Tauschfähigkeit, nach Sicherungsstandards hergestellt
HT	heat treated (hitzebehandelt)
KD	klein dried (ofengetrocknet)
MB	behandelt mit Methylbromid
DB	debarked (entrindet)
S-P-F	Spruce-Pine-Fir (Fichten-, Kiefer- oder Tannenholz)

Diese Stempel zeigen, was die Palette zu ihrem Schutz alles mit auf den Weg bekommen hat. Sie sehen aber nicht, was sich die Palette auf ihrer Reise alles „eingefangen" hat. Einige Paletten sind viel im Einsatz und können auch mit Schadstoffen in Berührung gekommen sein. Seien Sie daher vorsichtig:

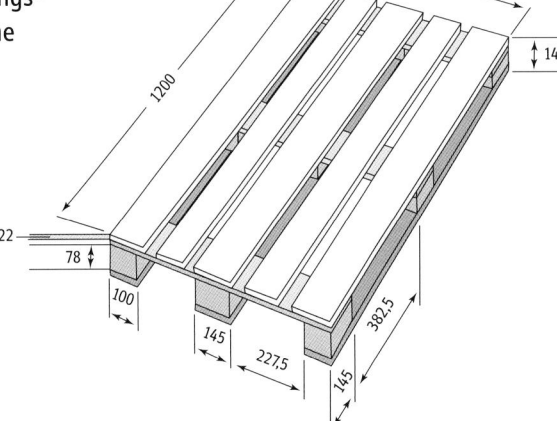

Angaben in Millimeter

Verwenden Sie generell keine Paletten, die intensiv riechen, Stockflecken haben, nass sind, Faulstellen aufweisen, an denen rostige Nägel abstehen, die Ölflecken aufweisen oder Ähnliches. Gehen Sie im Zweifelsfall auf Nummer sicher und greifen Sie zu sauberen Paletten, die Sie dank ein paar Tricks künstlich „veredeln" können (siehe Tipps auf Seite 9).

Bezugsquellen

Paletten kann man bei jedem Transportunternehmen beziehen. Oder fahren Sie durch ein Industriegebiet in Ihrer Nähe. Hier stehen immer wieder Einwegpaletten zum Selbstabholen vor den Unternehmen. Sie sollten aber immer nachfragen, ob es erwünscht ist. Sie betreten ein Firmengelände und entwenden – streng genommen – Firmeneigentum.

Neue Paletten können bei Paletten-Fertigungsunternehmen gekauft werden. Hier besteht die Möglichkeit, ganz neue Paletten zu erwerben, die noch vollständig unbenutzt sind. Diese Unternehmen haben sehr oft vor dem Betriebsgelände ausrangierte Einzelteile von Paletten liegen, sodass man nicht ganze Paletten auseinander nehmen muss.

Um ortsnahe Firmen zu recherchieren, suchen Sie am besten im Internet nach Palettenlieferanten, -herstellern oder -händlern. Die Gelben Seiten oder die Homepage „wer liefert was" (www.wlw.de) können dabei eine Hilfe sein. Da dies meist Großhändler sind, rate ich Ihnen, in der näheren Umgebung direkt bei einem Hersteller vorbei zu fahren, um direkt zu verhandeln und selbst zu transportieren.

Werkzeug

Es ist empfehlenswert, beim Verladen wie auch bei der Verarbeitung Handschuhe zu tragen. Das Holz der Paletten ist kein Hartholz, somit splittert es sehr leicht und unregelmäßig.

Ich habe bevorzugt mit der Japansäge, dem Zimmermannshammer sowie dem Flachmeißel und einem Akku-Schrauber gearbeitet. Folglich können die hier vorgestellten Projekte mit relativ simplem Equipment bewältigt werden. Weiter hatte ich in meiner Werkzeugkiste:

- Schleifmaschine bzw. Schleifklotz mit Schleifpapier in 80er-, 120er- und 220er-Körnung
- Stahlwolle
- Akku-Schrauber bzw. -Bohrer
- verschiedene Holzbohrer
- Feinsäge oder elektrische Stichsäge
- Japansäge/Handkreissäge/Stichsäge
- Walze
- Flachpinsel, 4 cm, 8 cm und 10 cm breit
- Baumwolltuch
- Hammer bzw. Zimmermannshammer
- Stemmeisen
- Flachmeißel
- Kneifzange
- Tacker
- Seitenschneider
- Bleistift
- Meterstab
- Holzwinkel/großes Geodreieck
- Gaskartusche mit Aufsatz

Paletten für den Outdoor-Einsatz

Bei der Wahl der Paletten sollten Sie auf die Palettenklötze achten. Die Echtholzklötze sind langlebiger und auch stabiler bei Schraubungen. Holz verändert sich in den verschieden Wetterzuständen und somit könnten sich Spax-Verbindungen schneller lösen.

Es werden hauptsächlich Schlosserschrauben mit Muttern verwendet, um eine dauerhafte Stabilität zu gewährleisten.

Paletten sind durch ihre eigentliche Aufgabe sehr langlebig, stabil und größtenteils auch wetterbeständig. Doch wenn Sie den Wunsch haben, diesen einen Farbtupfer zu verpassen, dann sollten Sie darauf achten, dass diese gut mit Tiefengrund eingelassen wurden. Somit ist ein späteres Hervortreten von „Altlasten" etwas eingeschränkt bzw. gestoppt.

Acrylfarbe gibt es in vielen Farbtönen. Fassadenfarbe aber auch. In jedem Baumarkt können Sie sich einen Farbton mischen lassen. Die Farben sind schnelltrocknend, wasserabweisend und gleichzeitig etwas offenporig, damit die Palette atmen kann und nicht schimmelt.

TIPPS

Manchmal entspricht die Beschaffenheit des Holzes nicht den eigenen Wünschen. Man kann aber künstlich nachhelfen: Wünschen Sie zum Beispiel ein dunkel verfärbtes, gealtertes Holz, möchten aus Bedenken vor Schadstoffen allerdings nicht auf eine stark beanspruchte Palette zurückgreifen, so können folgende Mixturen und Tricks helfen:

- mit schwarzer oder dunkelbrauner Acrylfarbe können künstliche Ölflecken erzeugt werden
- mit Salatöl und Essig wird die natürliche Holzmaserung hervorgehoben und die Farbe setzt sich nicht gleichmäßig fest
- mit Wasser können Stockflecken erzeugt werden
- mit dem Gasbrenner werden Druckstellen und dunkle Flecken fabriziert
- mit der Stahlbürste werden Schleifspuren hergestellt
- Sturzstellen können mithilfe eines Hammers fingiert werden

Palettenholz, vor allem das neuer Paletten, saugt die Farbe richtig auf. Um Farbe zu sparen, ist eine Grundierung mit Holzgrundfarbe ratsam und eine günstige Strategie. Um generell Farbe zu sparen, rate ich dazu, die Farbe zu walzen und nur auf die Sichtkanten aufzutragen.

LOFT

FLUR

ATELIER

ESSZIMMER

DRINNEN

Loft

SOFA

WEINREGAL

HAIBILD

SIDEBOARD

TISCH

Sideboard

Material

- 2 Europaletten
- 2 Holzbretter, 120 cm x 14 cm
- 6 Metallwinkel
- Acrylfarbe in Hellgrau, ca. 1 l
- Schleifpapier in 80er-, 120er- und 220er-Körnung

- 40 Spax-Schrauben, 4 cm lang
- 48 Spax-Schrauben, 1,5 cm (Winkel)
- 4 Nägel, 2 cm
- Hammer
- 2 Dachlatten, 2 cm x 2 cm x 120 cm
- Flächpinsel, 4 cm breit
- Walze
- Japansäge oder Handkreissäge
- breiter Flachmeißel und Hammer
- Tassenunterteller
- Akku-Schrauber

1 Sägen Sie wie im Foto die beiden Paletten auseinander.

2 Eines der breiteren Palettenstücke ist der Deckel (Sideboard-Oberseite). Dort setzen Sie in die beiden Zwischenräume die Dachlatten ein und richten diese bündig aus. Jeweils mit zwei Nägeln fixieren.

3 Schleifen Sie die Holzflächen des Deckels ab. Genauso schleifen Sie die zwei abgesägten Paletten glatt. Diese zwei kürzeren Stücke der Paletten werden auf die Palettenklotzseite gestellt und parallel ausgerichtet.

4 Die Restpalette in Einzelteile zerlegen. Hierzu eignet sich ein breiter Flachmeißel mit Hammer. Schleifen Sie die zwei gewonnen Holzbretter ab und legen Sie diese wie Regalböden auf die innenliegenden Klötze. Mit den Schrauben befestigen.

5 Der Deckel wird auf die zwei gestellten Paletten gelegt und mittig ausgerichtet. Die Konstruktion mit den Metallwinkeln befestigen.

6 Aus den restlichen losen Brettern der Palette werden die Zierbretter angefertigt. Zuerst werden seitlich, oben und unten die Bretter angelegt und Maß genommen. Die Bretter sollen die Seiten später überdecken.

7 Auf die Zusatzbretter von den Außenseiten die 14 cm Rahmenstärke übernehmen bzw. übertragen, orientieren Sie sich an der Unterkonstruktion. Mit dem Teller die Rundung auf das Holz für die Aussparung übertragen bzw. diese wie im Foto konstruieren. Dies wird an jeder Ecke der langen Seitenteile gemacht.

8 Wird eine Mittelstrebe gewünscht, müssen hier auch die Radien übertragen werden. Alle Abmessungen nun kappen und abschleifen. Danach am Sideboard mit Schrauben befestigen.

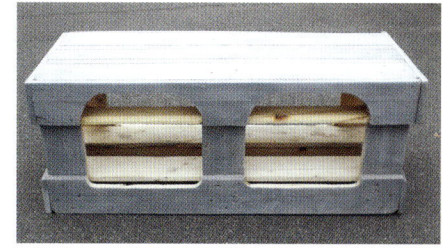

9 Alle Holzaußenflächen werden in Hellgrau gewalzt. Kurz warten, dann die Luftbläschen durch erneutes Darüberwalzen entfernen. Nach dem Trocknen das Sideboard nochmals leicht abschleifen.

Winkel

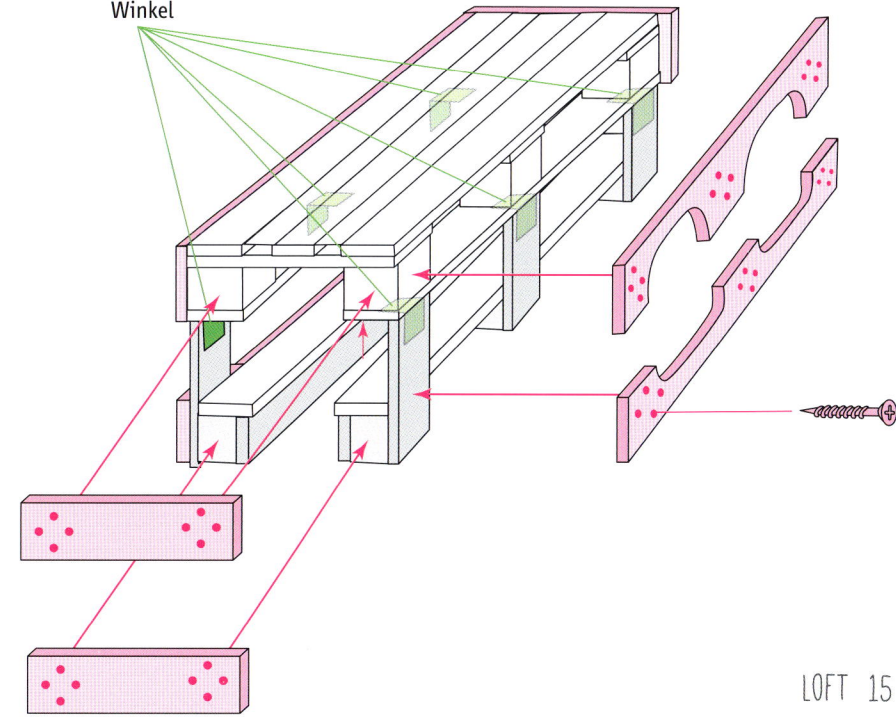

Sofa

Material

- 10 Europaletten
- Acrylfarbe in Mittelgrau, ca. 3 l
- Holzleiste, 10 cm x 2 cm, 2 mm stark
- 12 Nägel, 2 cm lang
- Japansäge
- Schleifpapier in 80er-, 120er- und 220er-Körnung
- Flachpinsel, 4 cm breit
- Hammer
- 2 Matratzen
- 2 Leinenteppiche oder Spann- betttücher
- 4 Kissen

1 Schleifen Sie die Paletten sehr gut ab, beginnen Sie mit der gröbsten Körnung und steigern Sie diese, bis Sie die feinste erreicht haben. Bedenken Sie, dass das Sofa im Wohnbereich steht und angefasst wird.

2 Für die Sofalehne: Zwei Paletten nach der dritten Lattung absägen, dabei die Querlattung mit 3 cm am Lehnenende stehen lassen. Die Paletten werden an ausgewählten Sichtkanten oder komplett bemalt.

3 Wenn die Farbe getrocknet ist, arrangieren und stapeln Sie die Paletten zu einer Wohnlandschaft. Die Paletten haben ein gutes Eigengewicht, zur Sicherheit sollten sie aber miteinander verschraubt werden.

4 Die Sofalehnen gut abschleifen und zusätzlich anmalen, bevor sie hinten in die letzte Längsrille der gestapelten Paletten gestellt werden. Kippt man diese nun nach hinten, verkantet sich die Lehne automatisch, sodass sie hält.

5 Möchten Sie die Rückenlehne absichern, sollte man die Holzleiste in 3 cm lange Stücke sägen. Die Lattenstücke werden an die liegenden Paletten genagelt, und zwar an die kurzen Bretter als Führungsschiene für die Rückenlehne.

6 Zum Schluss die Matratzen platzieren und mit Spannbetttüchern oder Leinenteppichen bedecken und diese unter die Matratzen klemmen. Die Kissen an der Lehne arrangieren.

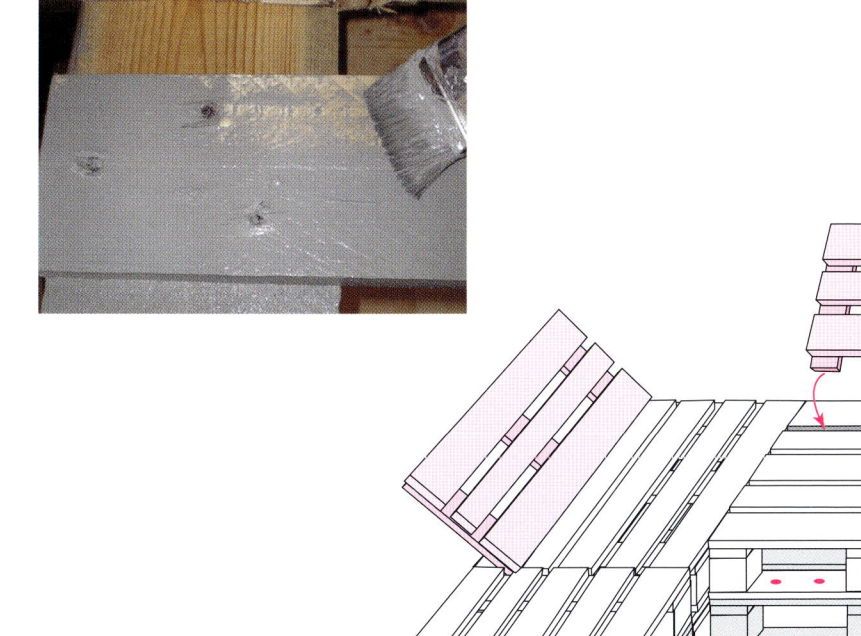

Material

- 2 Einwegpaletten mit Mittelstrebe, ca. 160 cm x 120 cm
- 4 kleine Möbelrollen
- 16 Spax-Schrauben, 1,5 cm lang
- Plexi- oder Glasplatte, in Tischflächengröße, 5 mm dick
- 24 Spax-Schrauben, 2,5 cm lang
- Schleifpapier in 80er-, 120er- und 220er-Körnung
- Japansäge oder Handkreissäge
- breiter Flachmeißel und Hammer
- Gasbrenner

Tisch

1 Sägen Sie zwei Paletten an der Mittelstrebe auseinander und entfernen Sie die Unterlattung. Lösen Sie außerdem aus den Restpaletten Stege raus, die Sie später als Bretter zur Verstärkung verwenden.

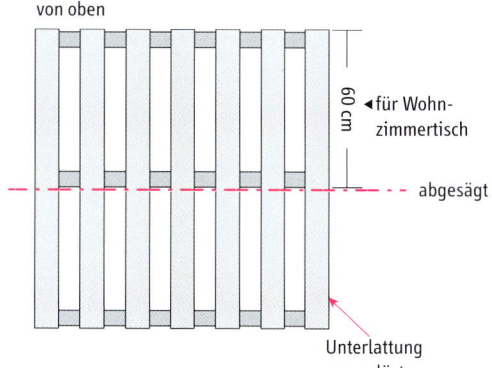

von oben

60 cm ◄für Wohnzimmertisch

----- abgesägt

Unterlattung rausgelöst

2 Die Palettenteile werden von allen Seiten gut abgeschliffen.

3 Mit dem Gasbrenner werden sie teilweise angeschmort und so abgedunkelt.

4 Die Paletten aufeinanderlegen, sodass sie sich mit den Stellklötzen treffen.

5 Zwischen den Innenkanten der Paletten Maß nehmen und entsprechend lange Stücke aus den zuvor herausgelösten Stegen zusägen. Dies bei allen vier Kanten sowie den Mittelstreben vornehmen.

6 Alle Holzteile abschleifen und eventuell mit dem Gasbrenner bearbeiten. Die Holzteile als Verbindungsstücke zur Verstärkung mit den 2,5 cm langen Schrauben montieren.

7 In allen vier Ecken die Rollen an der Unterseite platzieren und montieren. Die Tischplattengröße messen und entsprechend die Plexiglasplatte kürzen bzw. eine passende Glasplatte auflegen.

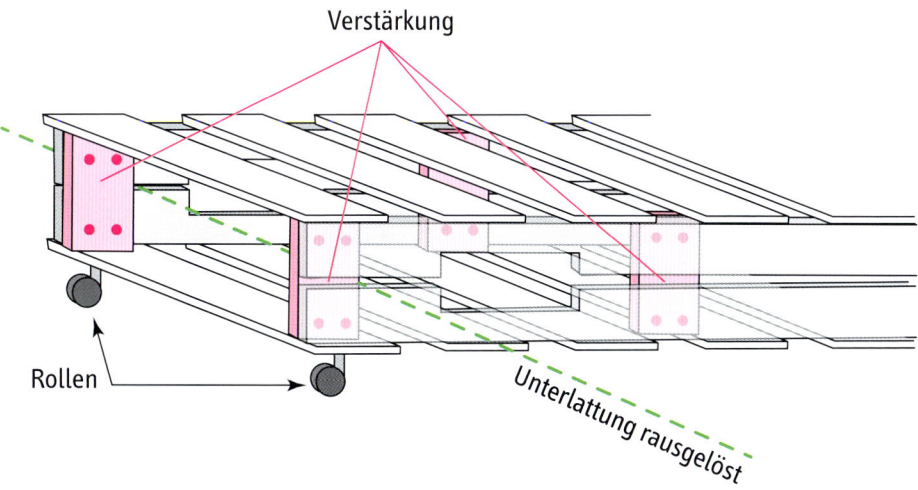

Verstärkung

Rollen

Unterlattung rausgelöst

Haibild

Material

- Einwegpalette mit dichter Lattung, 80 cm x 140 cm
- ggf. Zusatzbretter für die Zwischenräume
- 2 Wandbefestigungen
- Stichsäge
- Spax-Schrauben, 3 cm lang
- Kreide
- Holzleiste, 20 cm x 2 cm, 4 mm stark
- 10 Nägel, 1 cm lang
- Hammer
- Bildgalerielampe
- Schleifpapier, 120er-Körnung

1　Die Palette und ggf. die Zwischenbretter abschleifen. Bei Bedarf die
Zwischenräume mit den Holzbrettern
auffüllen, kappen und festschrauben.

2　Ihre Wunschsilhouette, wie z. B.
einen Hai, zunächst auf Papier skizzie-
ren, bevor man diese mit Kreide auf das
Holz aufzeichnet.

3　Das Motiv mit der Stichsäge aussä-
gen. Abstehende Holzfasern und Kanten
abschleifen.

4　Durch das Sägen können einzelne
Bretter an Halt verlieren, diese werden
auf der Rückseite mit entsprechenden
Querlatten wieder befestigt.

5　Auf der Rückseite an der unteren
Kante die Bildgalerielampe montieren.

6　Die Wandhalterungen werden an der
Rückseite oben befestigt und das Bild
kann dann daran aufgehängt werden.

TIPP

Sollten Sie keine alte Palette mit Patina
verwenden wollen, können Sie neues
Holz auch künstlich altern lassen. Dazu
nehmen Sie ein Gefäß mit 1 l Fassungs-
vermögen und füllen zur Hälfte Wasser
ein sowie etwas schwarze und graue
Acrylfarbe, 2 EL Salatöl, 1 EL Essig und
Sägemehl. Diese Lasur mehrmals auf die
Palette auftragen, bis sie den gewünschten Braunton hat.

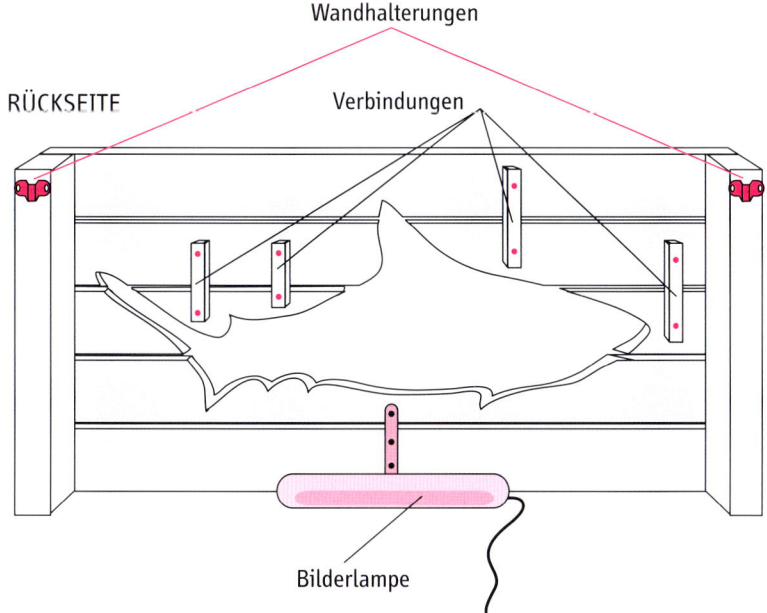

Wandhalterungen

RÜCKSEITE　　Verbindungen

Bilderlampe

Weinregal

1 Das spätere Weinregal aus der Palette mit einem Schnitt heraussägen, indem die Palette nach der zweiten Lattung geteilt wird.

2 Eines der Bretter an die Unterseite des Regals anpassen und dementsprechend absägen. Die dickere Holzleiste als Abstandhalter auf die Breite dieses Brettes kappen. Die dünnere Leiste auf das Innenmaß des Regals als Auflage für die Bodenbretter zuschneiden. Die Innenmaße des Regals messen und das andere Brett entsprechend zu drei Innenbodenbrettern absägen. Alle Holzelemente abschleifen.

Material

- Einwegpalette mit abgerundeten Aussparungen, ca. 160 cm x 120 cm
- 8 Spax-Schrauben, 5 cm lang
- 6 Spax-Schrauben, 2 cm lang (für Zwischenböden)
- 12 Spax-Schrauben, 1,5 cm lang
- 2 Bretter, 10 cm x 80 cm
- Holzleiste, 25 cm x 3 cm x 3 cm
- Holzleiste, 20 cm x 1 cm x 1 cm
- Holzöl oder Klarlack, matt
- Japansäge
- Schleifpapier in 80er-, 120er- und 220er-Körnung
- Holzbohrer, 1,2 cm
- Flachpinsel, 2 cm breit
- Akku-Schrauber
- 2 Wandhalterungen
- Weinglas zum Anzeichnen

3 Alle Holzteile mit Holzöl oder Lack streichen. Um eine besonders glatte Oberfläche zu erhalten, das Holz nochmals anschleifen und erneut Lack bzw. Öl auftragen. Bitte auf die Herstellerangaben achten.

4 Das Regal auf die Kopfseite stellen. Die dünnen Leisten mittig mit einer Schraube anschrauben und danach mit einem 1 cm Abstand zum Boden festschrauben.

5 Legen Sie die Abstände der Glashalterung auf dem Bodenbrett fest. Ziehen Sie einen horizontalen Mittelstrich mit dem Bleistift und stellen Sie Ihr Wunschglas auf den Strich. Markieren Sie die Stielmitte und versetzen Sie das Glas mit einem Abstand von 1 cm und wiederholen Sie den Markierungsvorgang.

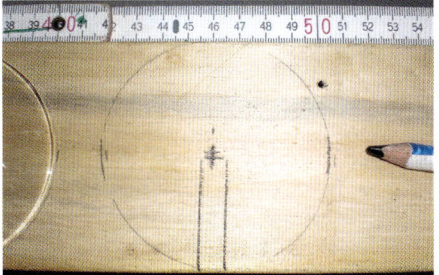

6 Bohren Sie die Stielmitte durch und sägen Sie eine 1 cm breite Aussparung zur Bohrung hin aus. Eventuell die Kanten abschleifen.

7 Legen Sie auf die Palettenstreben zuerst die Abstandhalter, dann das Bodenbrett. Fixieren Sie dann jeden der vier Abstandhalter mit vier langen Schrauben.

8 Drehen Sie das Regal um, montieren Sie die Auflage für die Innenböden und legen Sie diese ein. Die Innenböden mit je einer Schraube an den Außenkanten fixieren. Zum Schluss noch die Wandhalterungen an der Rückseite befestigen.

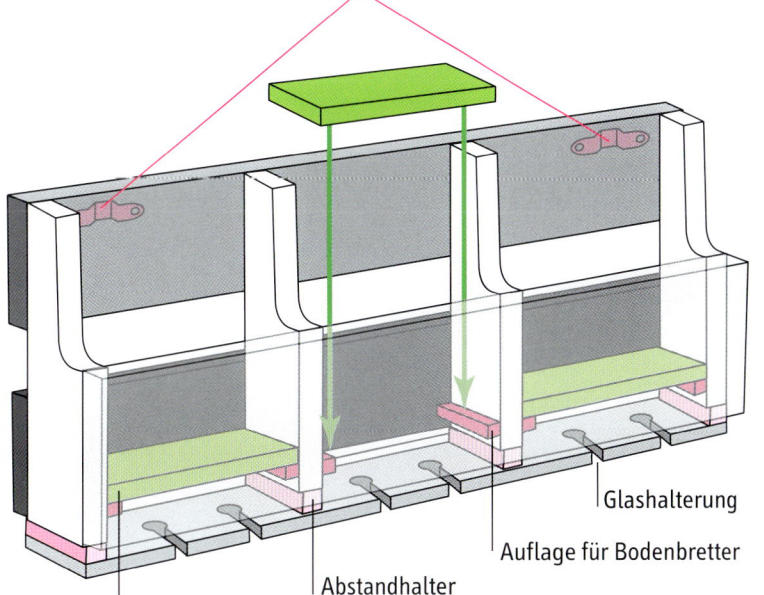

Wandhalterungen

Glashalterung

Auflage für Bodenbretter

Abstandhalter

Innenbodenbrett

RAHMEN

HOCKER

Esszimmer

LAMPE

ESSTISCH

TABLETT

Wein

Esstisch

1 Schleifen Sie die Paletten, Latten und Bretter sehr gut ab, beginnen Sie mit der gröbsten Körnung und steigern Sie diese, bis Sie die feinste erreicht haben.

2 Die große Einwegpalette als Tischplatte auf den Malerböcken platzieren. Die Dachlatten in die Zwischenräume auf der Tischplatte einfügen und so ausrichten, dass sie an einer Seite bündig zur Palettenkante liegen. Mit jeweils ein oder zwei Nägeln auf beiden Seiten fixieren.

3 Die überstehenden Enden mit der Japansäge kappen. Die Sägekanten mit Schleifpapier abschleifen.

4 Die Tischplatte von allen Seiten einölen und trocknen lassen. Diese Behandlung nach Herstellergebrauchsanweisung durchführen.

Material

- Einwegpalette, ca. 100 cm x 200 cm
- 2 Einwegpaletten, 100 cm x 100 cm
- 4 Dachlatten, 210 cm x 3 cm
- 2 Bretter, 100 cm x 10 cm (seitliche Regalböden)
- 2 Bretter, ca. 30–40 cm x 10 cm (Schubladenverschalung)
- 10 Flachkopfnägel, 4 cm lang
- 2 Weinkisten
- 2 Schubladengriffe
- 10 Spax-Schrauben, 5 cm lang
- 2 Malerböcke
- Schleifpapier, 80er-, 120er- und 220er-Körnung
- Pinsel
- Leinöl und Baumwolltuch
- Akku-Schrauber

5 Die Zwischenräume in der Palette für die Schubladenblenden messen und die Bretter passend zusägen. Die Weinkisten auf Höhe der ersten Strebe absägen und abschleifen, eventuell einölen. Die Weinkisten mit den Schubladenblenden an der schmalen Seite verschrauben.

6 Die Schubladengriffe mittig auf der Blende platzieren und anschrauben.

7 Für die Tischbeine die beiden kleineren Paletten seitlich an den Tisch stellen und entsprechend die Aussparungen für die Palettenklötze der Tischplatte anzeichnen und einsägen. Die Sägekanten abschleifen.

8 Das Bücherregal-Brett der Seitenpalette entsprechend zusägen. Die Bretter auf gewünschter Höhe mit den Spax-Schrauben fixieren. Anschließend die Seitenteile gut einölen. Nach dem Trocknen eventuell erneut abschleifen und einlassen. Überschüssiges Öl mit einem Lappen entfernen. Zum Schluss die Seitenteile mit der Tischplatte verschrauben.

TIPPS

Pinsel und Lappen zum Einölen bitte in einer gut verschlossenen Tüte lagern. Vorsicht: Es besteht Brandgefahr!

Wenn Sie eine Führung für die Schubladen haben möchten, dann nehmen Sie eine dünne Latte (2 cm x 0,5 cm x 30 cm) und fixieren diese im Schubladenfach neben der Schublade, sodass sie eine Laufschiene hat und sich so leichter herausziehen lässt. Falls Sie in der Schublade Kleinteile verstauen möchten, sollten Sie unten als Boden eine Platzmatte einlegen.

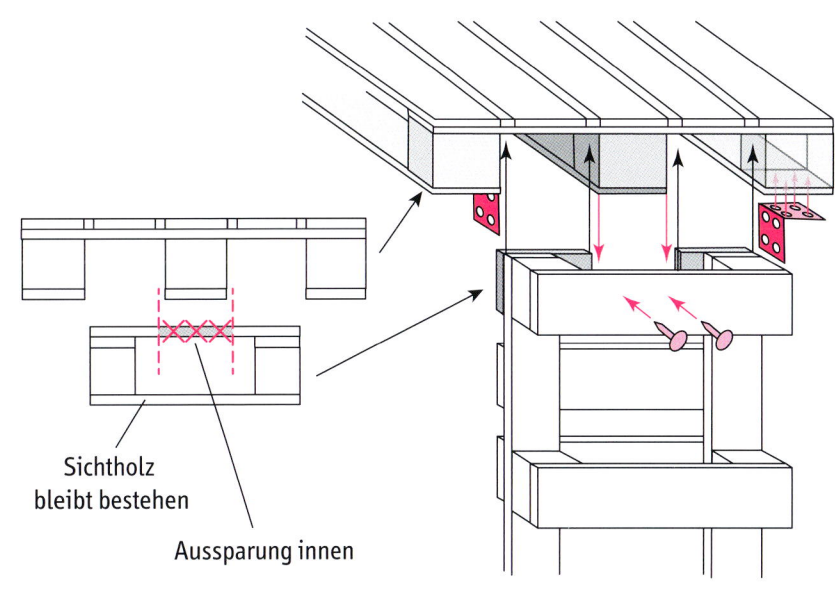

Sichtholz bleibt bestehen

Aussparung innen

Hocker

1 Die Paletten auf Sitzflächenwunsch-größe mit der Säge kappen. Den Palettenrest in Einzelteile zerlegen und alle Teile abschleifen bzw. entgraten.

2 Die Palette wenden. Auf der Unterseite zur Stabilisierung der Fußlatten je mittig einen Holzklotz stellen. Diesen dann von der anderen Seite festschrauben.

Die vier Zusatzbretter seitlich an der Palette anlegen und mit Schrauben fixieren.

3 Aus der Dachlatte vier Stücke in Stuhlbeinbreite zuschneiden und jeweils an der Unterkante der Stuhlbeine festschrauben. Die Bretter schräg zwischen Holzklotz und Stuhlbeinklötzchen legen. Großzügig das Brett markieren, damit dieses später zwischen Holzklotz und Sitzfläche bzw. Klötzchen und Stuhlbein geklemmt werden kann.

4 Vor dem Montieren alles einölen. Falls notwendig, dieses wiederholen. Das überschüssige Öl mit einem Baumwolltuch abnehmen. Eventuell mit Stahlwolle oder 220er-Schleifpapier glätten.

Material

- 2 Einwegpaletten, 50 cm x 70 cm
- 4 Bretter, 12 cm x 45 cm x 2 cm
- 20 Spax-Schrauben, 3 cm lang
- Dachlattenrest, 48 cm x 3 cm
- 4 Flachkopfnägel, 4 cm lang
- Stahlwolle
- Schleifpapier in 80er-, 120er- und 220er-Körnung
- Leinöl und Baumwolltuch

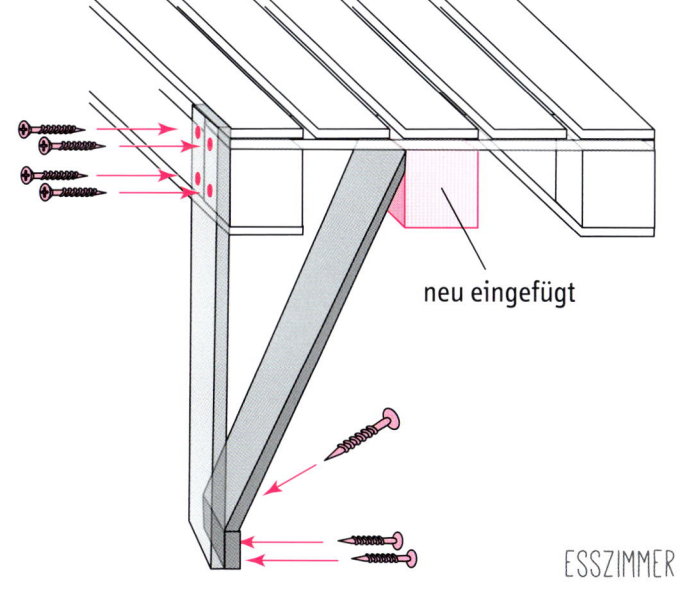

neu eingefügt

Tablett

1 Die Weinkiste vom Boden ausgehend nach der ersten Lattung absägen. An der schmalen Seite zwei Bohrlöcher im Abstand von jeweils 4 cm zum Rand platzieren.

2 Die Weinkiste, besonders die Sägekanten und Bohrlöcher, gut abschleifen. Strick in der Mitte durchschneiden, als Henkel einfädeln und an den Enden verknoten.

TIPP
Je weiter die Bohrlöcher auseinander sind, desto sicherer lässt sich das Tablett tragen.

Material

- Weinkiste aus Holz
- Schleifpapier in 80er-, 120er- und 220er-Körnung
- Strick, ø 1 cm, 50 cm lang
- Holzbohrer, ø 1 cm

Rahmen

1 Die Außenlänge der Bilderrahmen bestimmen und diese auf dem Restholz mit Bleistift markieren. Die Holzstücke auf Gehrung absägen.

2 Die Schmalseiten abschleifen. Die Arbeitsfläche abdecken und die abgeschliffenen Holzteile hochkant dicht aneinander stellen. Mit dem gewünschten Farbton über die Kanten walzen. Eventuell wiederholen.

3 Nach dem Trocknen die Gegenseite einfärben und trocknen lassen.

4 Die Holzlatten an die Gehrungsschnitte anlegen und die Winkel mit den Schrauben mittig befestigen.

5 Zum Schluss die Bilderrahmenhalter positionieren und anschrauben.

TIPP
Sollten Sie keine Gehrungssäge haben, reicht auch ein gerader Schnitt. Dann die Hölzer aneinanderlegen und miteinander verschrauben, wie auf dem Foto oben links.

Material

- Restholz von Paletten
- Gehrungssäge
- 4 flache Metallwinkel
- 20 Spax-Schrauben, 1,5 cm lang
- 2 Bildaufhänger zum Anschrauben
- Schleifpapier, 120er-Körnung
- Acrylfarbe in Weiß, matt und Mittelgrau, matt
- schmale Walze
- Akku-Schrauber

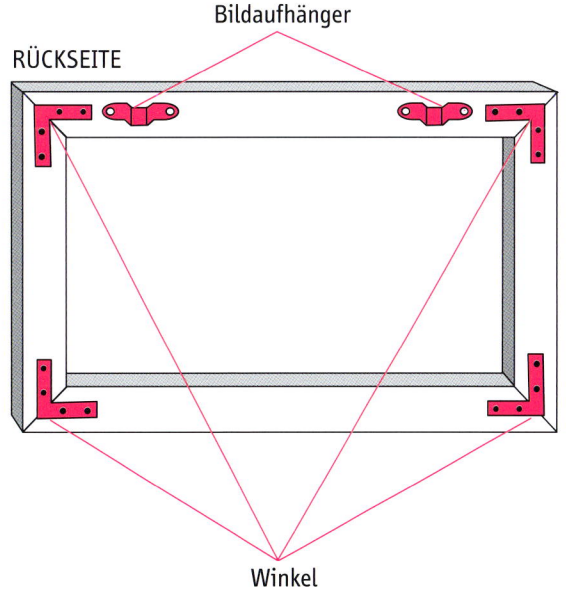

Bildaufhänger

RÜCKSEITE

Winkel

Lampe

1 Die Unterbaustrebe mit Schleifpapier glatt schleifen. Das zusätzliche Brett und beide Holzreste ebenfalls abschleifen.

2 Beide Holzreste übereinanderlegen auf der Längsachse zwei Löcher im Abstand von 2 cm mit einem 4 mm-Bohrer bohren.

3 Je einen Holzrest im Hohlraum der Unterbaustrebe im Abstand von 45 cm zur Außenkante platzieren und von außen jede Seite mit je zwei Nägeln fixieren.

4 Dann das zusätzliche Holzbrett (Pendel-Brett) insgesamt mit sechs Löchern versehen: 7 cm und 9 cm vom Rand das erste und zweite Loch im Durchmesser von 4 mm bohren, das dritte Loch im Durchmesser von 1 cm bei 21 cm bohren. Diesen Vorgang von der anderen Außenkante wiederholen, sodass insgesamt sechs Löcher entstehen. Ausgefranste Bohrlöcher eventuell nachschleifen, da hierin später Kabel und Seilzug gut laufen müssen.

Material

- Unterbaustrebe einer Euro-palette (2 Holzklötze, 2 Bretter à 100 cm x 9 cm)
- Stabiles Brett, 30 cm x 9 cm
- 2 Holzreste, 8 cm x 5 cm
- Acrylfarbe in Weiß, matt, 50 ml
- 2 weiße Kabelbinder, je 23 cm lang
- Reepschnur, ø 4 mm, 3 m lang
- 2 Birnenfassungen mit 1,5 m langem Kabel plus Kabelabdeckkappe

- 2 Energiesparbirnen
- 2 Flaschenzüge mit 2 Rädern und integriertem Aufhänge-haken
- 8 Flachkopfnägel, 4 cm lang
- 2 Reißzwecken in Weiß
- 2 Ringschraubhaken, ø 1 cm
- 2 Deckenhaken, ø 2 cm (für die Karabinerbefestigung)
- 2 Dübel
- Schleifpapier in 80er-, 120er- und 220er-Körnung
- Holzbohrer, ø 4 mm und 1 cm
- Akku-Schrauber
- Walze

5 Die Außenseiten der Unterbaustrebe mit Weiß einwalzen. Eventuell ist ein zweiter Farbauftrag nötig.

6 Alle Einzelteile wie folgt auf dem Boden platzieren: Unterbaustrebe – Pendel-Brett mit den Bohrungen – nebeneinander die Flaschenzüge.

7 Je eine Ringschraube mittig in die eingebauten Mittelstreben eindrehen.

8 Die Reepschnur halbieren. Ein Ende je an der Öse am Zwischenbrettchen festknoten. Nun wird die Schnur wie folgt geführt: Durch das kleinere, äußere Loch fädeln, weiter durch den einen und den anderen Flaschenzug, danach das Ende in das zweite innere Loch fädeln und unten zuknoten. Als Sichtschutz später einen Reißnagel über den Knoten stecken. Wiederholung mit der zweiten Schnur nur in gespiegelter Version.

9 Die Kabelenden der Lampenfassung durch die breiteren Löcher fädeln. Lampenfassung mit Kabelbinder an Zwischenbrettchen fixieren, indem der Binder durch die Löcher in der Mittelstrebe und um die Fassung gebunden wird. Gut zuziehen.

10 Die Ringhaken an der Zimmerdecke montieren. Flaschenzüge einhaken.

11 Den elektrischen Anschluss vom Fachmann ausführen lassen und mit der Kabelabdeckkappe kaschieren. Mit dem Zwischenbrett nun die Lampe hochziehen und die richtige Position einstellen, ggf. noch die Schnur kürzen. Hier ist es wichtig, dass die Schnüre gleich lang sind. Außerdem müssen die Schnüre in jedem Brett und Karabiner parallel verlegt sein und dürfen sich nicht kreuzen.

TIPP

Zur Sicherheit können Sie auch noch unterhalb des kleinen Pendel-Brettes durch den Knoten und die parallel laufende Schnur eine Stecknadel oder Sicherheitsnadel stecken, dann sitzt alles stabil, kann aber nicht in der Höhe verstellt werden.

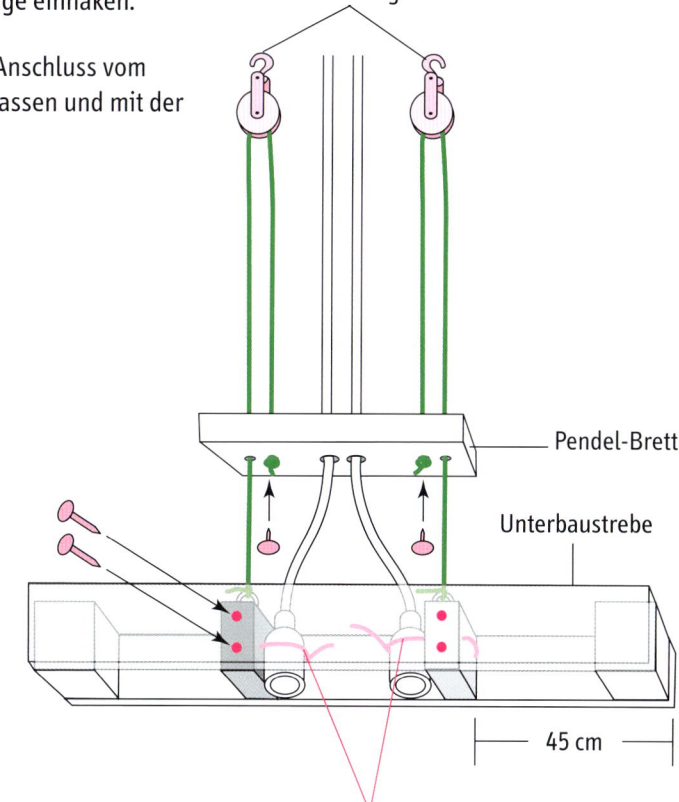

Flaschenzüge

Pendel-Brett

Unterbaustrebe

45 cm

Kabelbinder

STIFTEHALTER

SCHREIBTISCH

Atelier

UHR

STAPELREGAL

Schreibtisch

Scharniere

Grundpalette
gekürzt, damit
stulpen möglich

Palette längs
halbiert und
oben gekürzt

1 Paletten und Holzbrett mit Schleifpapier je nach Holzfaserstruktur glatt schleifen. Beginnen Sie mit der gröbsten Körnung und steigern Sie sich in der Körnung, bis Sie mit dem Ergebnis zufrieden sind.

2 Die Palette, die als Arbeitsplatte dienen soll, wird auf einer Seite vom Standklotz getrennt und auf die Länge des Innenmaßes der Deckelpalette gekürzt. Dann den Standklotz wieder anschrauben. Die Palette auf die Standklötze stellen. Dann das Zusatzbrett anpassen, in den Zwischenraum legen und mit 3 cm langen Schrauben fixieren.

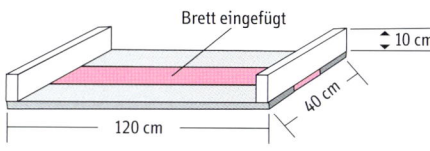

3 Nun die Palette zum Bemalen bereitlegen: Die Arbeitsplatte sowie zwei weitere Paletten auf die flache Außenseite legen. Die Deckelpalette auf den Standklötzen hinlegen. Farbe auf die Holzflächen, aber nicht auf die Holzklötze aufwalzen. Nach dem Farbauftrag gleich nochmals mit der Walze die entstandenen Luftbläschen wegwalzen.

4 Nach dem Trocknen eventuell die aufgestellten Holzfasern mit dem feinen Schleifpapier abschleifen und die Farbe nochmals auftragen. Die zwei Paletten für die Tischbeine wenden und die Farbe ebenso auf den Außenflächen auftragen.

5 Diese zwei Paletten an den Standklötzen parallel zum Holzbrett absägen. Danach diese vier Tischbeine auf die gewünschte Tischhöhe kürzen.

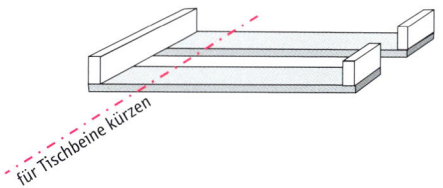

6 Die Tischbeine montieren, indem diese an der Oberkante der Standklötze angelegt werden und mit den langen Schrauben fixiert werden.

7 Zusatzholzbrett auf zweimal 40 cm absägen und als Zwischeneinlage der Tischbeine unten mit den mittellangen Schrauben anschrauben.

8 Danach die Arbeitsplatte auflegen und die Scharniere ausrichten. Diese zuerst an den unteren Standklötzen anschrauben. Zum Schluss die Glasplatte auf den Deckel auflegen.

TIPP

Die Glasplatte kann auch durch eine PVC-Platte mit einer Mindeststärke von 3 mm ersetzt werden. Wenn man auf die gewünschten Außenmaße ein Holzbrett legt, kann diese mit der Kreissäge abgesägt werden.

Material

- 4 Einwegpaletten, 40 cm x 120 cm
- Brett, 11 cm x 120 cm (Zwischenbrett in Arbeitsplatte)
- Brett, ca. 80 cm x 14 cm
- Glasplatte, 40 cm x 120 cm (Größe Außenmaße der Deckelpalette)
- 20 Spax-Schrauben, 4,5 cm lang
- 12 Spax-Schrauben, 3 cm lang
- 6 Spax-Schrauben, 1,5 cm lang
- Acryllack in Dunkelgrau, 200 ml
- Holzöl
- 2 Scharniere, 4 cm breit
- Schleifpapier in 80er-, 120er- und 220er-Körnung
- Walze
- Flachpinsel, 4 cm breit
- Akku-Schrauber

Stapelregal

1 Zersägen Sie die Paletten nach jeweils zwei Streben. Halbieren Sie die übrigen Streben, aus denen die verkürzten Regalbretter entstehen.

2 Schleifen Sie die Palettenbretter und zusätzlichen Palettenklötze innen und außen ab. Beginnen Sie mit der gröbsten Körnung und steigern Sie die Körnung, bis Sie die feinste erreicht haben.

3 Bemalen Sie die Bretter nach Wunsch, jeweils entweder die Ober- oder Unterseite. Dies machen Sie auch mit den Palettenklötzen.

4 Stapeln Sie die Paletten und Klötze wie abgebildet und fixieren Sie sie mit Winkeln an der Wand.

Material

- 4 Einwegpaletten, 40 cm x 120 cm
- Schleifpapier in 80er-, 120er- und 220er-Körnung
- Acrylfarbe in Hellgrau, Dunkelgrau und Weiß
- ca. 6 Wegwerf-Palettenklötze, ca. 14 cm x 10 cm x 12 cm
- Walze
- Japansäge
- ca. 11 Winkel mit passenden Schrauben
- Akku-Schrauber

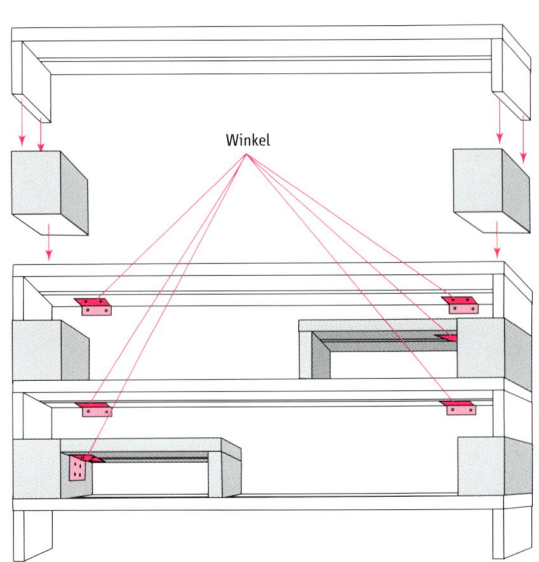

Winkel

Stiftehalter

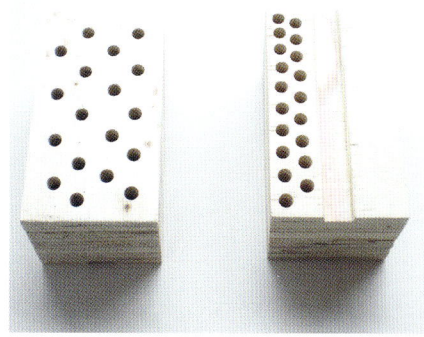

1 Die Bohrlöcher 4 cm tief nach Platz-wunsch bohren und den Klotz mehrmals abschleifen.

2 Dann den Stifteblock mit Klarlack einlassen. Nach dem Trocknen nochmals mit 220er-Schleifpapier abschleifen und erneut lackieren.

TIPP

Mit Lasuren oder Holzöl kommen die Holzkonturen schöner raus.

Material

- Holzklotz einer Einwegpalette
- Holzbohrer, ø 1,2 cm
- Klarlack
- Schleifpapier in 80er-, 120er- und 220er-Körnung
- Flachpinsel, 2 cm breit

12

Uhr

1 Schleifen Sie die Palette sehr gut ab, beginnen Sie mit der gröbsten Körnung und steigern Sie diese, bis Sie die feinste erreicht haben. Bemalen Sie die Holzoberflächen mit weißer Acrylfarbe.

2 Das Uhrgehäuse im Palettenzwischenraum positionieren und mit einem doppelseitigen Klebeband befestigen. Sofern kein Gehäuse dabei ist, das Uhrwerk mit einem Pappschächtelchen passend verschalen.

3 Die Palettenuhr mithilfe der Wandbefestigung montieren. Die Zeiger ausrichten und mit schwarzer Acrylfarbe die Ziffer 12 oben mittig an die Wand schreiben.

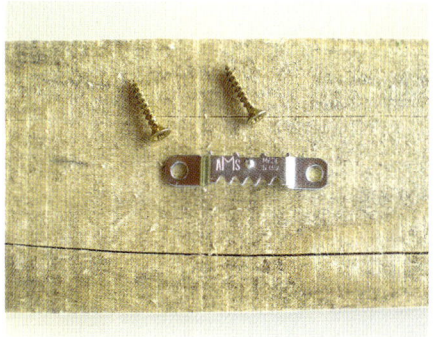

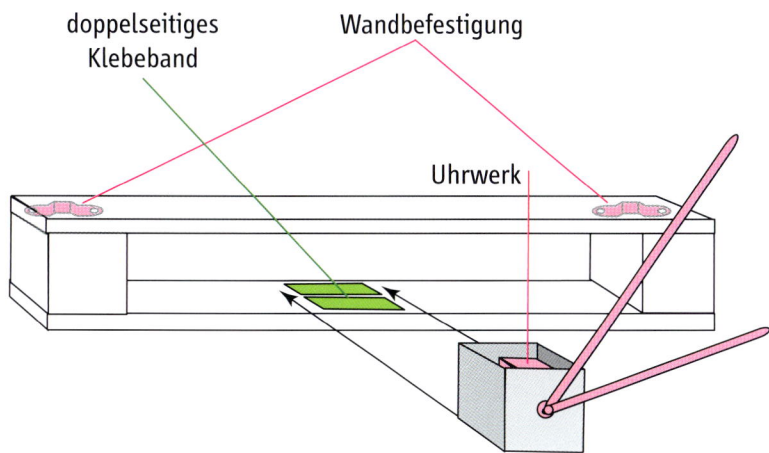

doppelseitiges Klebeband · Wandbefestigung · Uhrwerk

TIPP
Sollten die mitgelieferten Zeiger am Uhrwerk nicht der Wunschlänge entsprechen, können die Zeiger auch durch einen stabilen Pappkarton oder eine dünne Pappelleiste ersetzt werden.

Material

- Unterstrebe einer Europalette
- Uhrwerk, ggf. mit Gehäuse, max. 7 cm x 6 cm x 6 cm
- Pappgehäuse für die Uhr, falls das Uhrwerk versteckt werden soll
- Acrylfarbe in Schwarz und Weiß
- Schleifpapier in 80er-, 120er- und 220er-Körnung
- Wandbefestigung
- Walze
- Flachpinsel, 1 cm breit
- doppelseitiges Klebeband

Flur

GARDEROBE

MEMOBOARD

ABLAGE

SCHUHREGAL

HOCKER

Schuhregal & Garderobe

1 Schleifen Sie für das Schuhregal und die Garderobe jeweils eine der Paletten sehr gut ab, beginnen Sie mit der gröbsten Körnung und steigern Sie diese, bis Sie die feinste erreicht haben.

2 Die Palettenbretter an der Oberseite mehrmals mit Lasur einlassen.

3 Nach dem Trocknen eventuell die Holzfasern nochmals mit dem 220er-Schleifpapier leicht abschleifen.

4 Nun platzieren und befestigen Sie die Kleiderhaken nach Herstellerangaben bzw. schrauben sie mit den 1,5 cm-Schrauben an. Denken Sie bei der Ausrichtung der Haken daran, dass diese auch praktisch und nicht nur dekorativ sein sollten.

5 Für die kleine Ablage müssen Sie von einer Palette zwei Bretter und zwei Holzklötze absägen bzw. mit dem Zimmermannshammer heraushebeln. Bitte hebeln Sie auf beiden Seiten gleichmäßig nach und nach auf, damit sich das Holz nicht spaltet.

6 Platzieren Sie die Bretter als Ablage und Blende an je einer von zwei Klotzseiten und schrauben Sie diese fest. Die neue Ablage abschleifen und nach Wunsch mit Lasur einlassen.

7 Um Schuhregal, Garderobe und Ablage an der Wand zu montieren, nutzen Sie jeweils zwei L-Nägel bzw. L-Schrauben mit den Dübeln. Befestigen Sie diese im passenden Abstand an der Wand und hängen Sie die Paletten bzw. die Ablage ein.

TIPP
Wenn Sie eine Palette mit einer sehr ausgeprägten Holzstruktur haben, können Sie diese mit Holzöl hervorheben.

Material

- 3 Einwegpaletten, ca. 80 cm x 100 cm
- 6 L-Schrauben oder L-Nägel mit 6 passenden Dübeln
- Acryllasur in Weiß
- 4 Holzkleiderhaken
- 4 Spax-Schrauben, 3,5 cm lang
- 4 Spax-Schrauben, 1,5 cm lang bzw. Montierung für die Kleiderhaken
- Schleifpapier in 80er-, 120er- und 220er-Körnung
- Flachpinsel, 5 cm breit
- Japansäge
- Zimmermannshammer
- Akku-Schrauber
- 2 Wandhalterungen

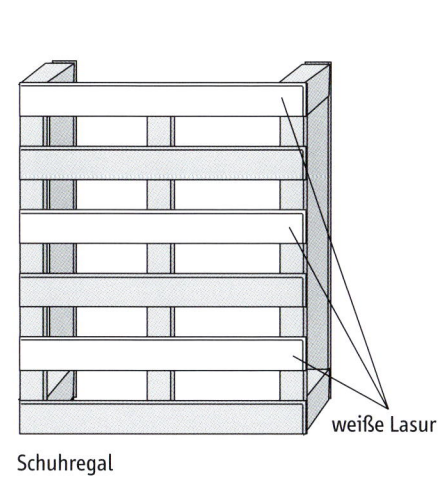

Schuhregal

weiße Lasur

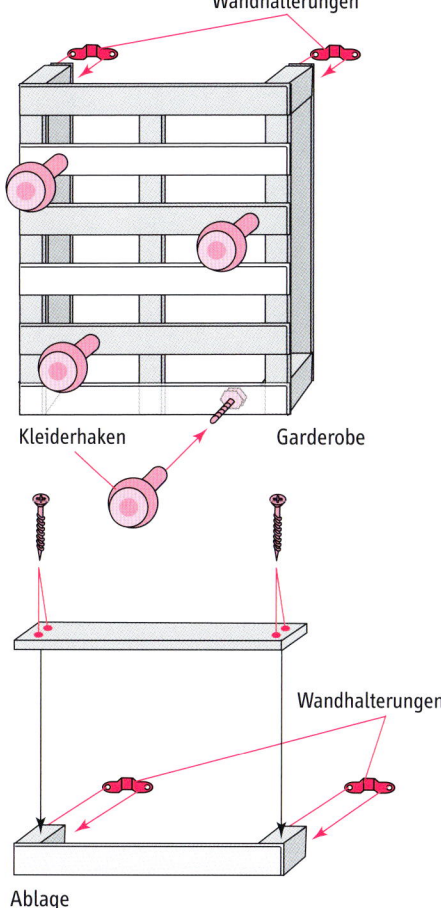

Wandhalterungen

Kleiderhaken

Garderobe

Wandhalterungen

Ablage

Hocker

1 Schleifen Sie die Weinkisten sehr gut ab, beginnen Sie mit der gröbsten Körnung und steigern Sie diese, bis Sie die feinste erreicht haben.

2 Drehen Sie die untere Weinkiste mit dem Boden nach oben und montieren Sie die Rollen mit den Schrauben in die äußersten Ecken.

3 Legen Sie nun die Dachlatte auf die Länge der zweiten Weinkiste. Richten Sie diese so aus, dass die Latte nicht unnötig übersteht, aber auch Auflagefläche zum Befestigen auf dem Weinkistenrand hat. Kappen Sie die Latten entsprechend und schleifen Sie diese ab, bevor Sie sie mit den Nägeln fixieren.

4 Nun können Sie die zwei Kisten übereinanderstellen, sodass sie gut ineinander stehen. Das Kissen auf den Lattenrost der zweiten Kiste legen und mit einem Gürtel fixieren.

TIPP
Im Hohlraum des Hockers lassen sich gut Schuhe verstauen. Für die Kindergröße kann man statt zwei Kisten auch nur eine verwenden.

Material

- 2 Weinkisten aus Holz
- Dachlatte, 150 cm x 2 cm
- 4 Rundrollen
- Sitzkissen, mind. 45 cm x 30 cm
- Ledergürtel
- 16 Spax-Schrauben, 1,5 cm lang
- 6 Flachkopfnägel, 3 cm lang
- Schleifpapier in 80er-, 120er- und 220er-Körnung
- Japansäge
- Akku-Schrauber
- Hammer

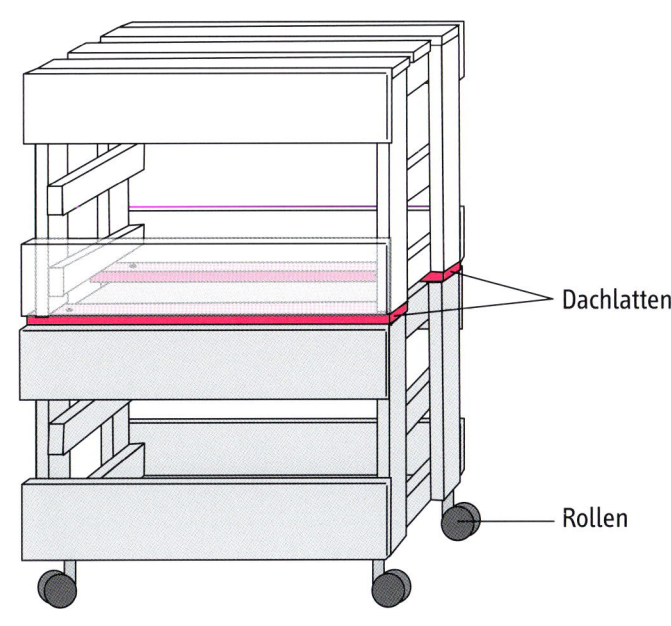

Dachlatten

Rollen

Memoboard

1 Alle Holzteile mit Schleifpapier glatt schleifen.

2 In einen Palettenfuß mit dem Steckdosenbohraufsatz ein Loch bohren, durch das später die Kabel geführt werden.

3 Holzbretter in die Zwischenräume legen, bündig mit der Säge kappen und mit Nägeln fixieren.

4 Das Blendbrett quer an den Palettenfuß anlegen, mit der Säge kappen und mit 2–4 langen Schrauben an den Palettenfuß anschrauben.

5 In das Blendbrett für die Schlüsselhaken mit dem 5 mm-Bohrer Löcher bohren. Die Haken montieren.

6 Die Fläche der Innenseite mit den Lasuren nass in nass lasieren. Nach dem Trocknen die überstehenden Holzfasern abschleifen.

7 Die Schablone nach Gebrauchsanweisung mit Sprühhaftkleber auf einer Seite einsprühen. Den Kleber ablüften lassen, Schablone auf der Holzfläche ausrichten und andrücken. Mit dem Schwämmchen die graue Farbe auftupfen. Die Schablone noch im feuchten Zustand abziehen und die Farbe trocknen lassen.

8 Auf der Rückseite 3–5 kurze Schrauben einschrauben, diese nicht ganz eindrehen, um daran bzw. darum den Draht zu wickeln. Den Draht vorne quer über die Fläche führen, so wie Sie ihn als Leine brauchen, um daran Informationen per Magnet zu befestigen. Wenn der Draht um die Schraube verläuft, diese festziehen, sodass der Draht fixiert ist.

9 Auf der Rückseite zwei Bilderrahmenhaken mit je zwei 1,5 cm langen Schrauben befestigen, um das Memoboard daran aufzuhängen.

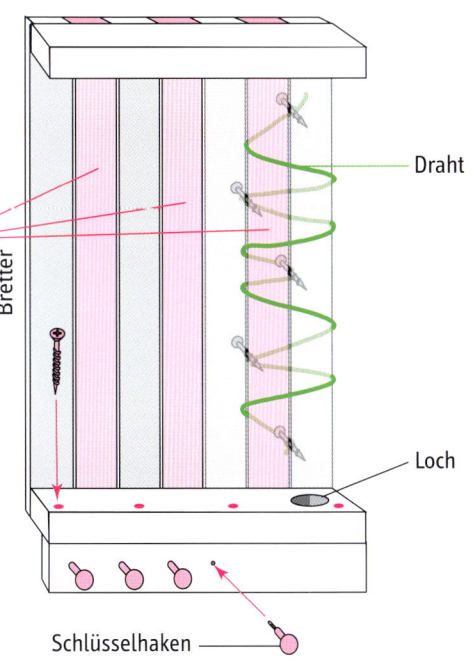

zusätzliche Bretter

Draht

Loch

Schlüsselhaken

Material

- Einwegpalette, ca. 70 cm x 80 cm
- 4 Bretter, je 8 cm x 80 cm (als Zwischenbretter)
- Brett, 70 cm x 8 cm (als Blende)
- Schablone „Buddha" (Fachhandel)
- Sprühhaftkleber
- Acrylfarbe in Graumetallic
- Acryllasur in Reseda und Dunkelgrün
- 16 Flachkopfnägel, 3 cm lang
- Bohraufsatz für Elektrosteckdosen
- Nägel, 2 cm lang
- 4 Kleiderhaken bzw. Schlüsselhaken
- 4 Kreuzschlitzschrauben, 3 cm lang
- 10 Kreuzschlitzschrauben, 1,5 cm lang
- 2 Bilderrahmenhalter
- Stahlseil, ø 0,5 mm, ca. 1 m lang
- 5 Magnete
- Holzbohrer, ø 5 mm
- Schwämmchen zum Farbauftrag
- Schleifpapier in 80er-, 120er- und 220er-Körnung
- Flachpinsel, 5 cm breit
- Hammer
- Akku-Schrauber

SCHREBERGARTEN

PARTYECKE

BLUMENGARTEN

RUHEOASE

GRÜNES
WOHNZIMMER

DRAUSSEN

GARTENBANK

Schrebergarten

WEGWEISER

PAULS
NATURSCHUTZ gebiet

LE-MUSBERG 54km

GALAPAGOS
EQUADOR 9967km

THAILAND 8817km

KRÄUTERBEET

Gartenbank

Material

- Einwegpalette,
  ca. 70 cm x 160 cm
- 2 Dielenbretter,
  120 cm x 12 cm x 2 cm
- 3 Kanthölzer,
  5 cm x 10 cm x 67 cm
- 2 Kanthölzer,
  4 cm x 10 cm x 45 cm
- 3 Messingwinkel, 5 cm x 5 cm
- Acryllack in Hellgrün und
  Reseda, 500 ml

- Acryllack in Saftgrün, 250 ml
- 25 Spax-Schrauben, 6 cm lang
- Schleifpapier in 120er-Körnung
- Flachpinsel, 4 cm breit
- Japansäge, Gehrungssäge oder
  Handkreissäge
- große Wasserwaage
- Akku-Schrauber
- Winkelmesser oder Geodreieck

1 Die Palette quer teilen, sodass Sitz- und Lehnfläche entsteht.

2 Die Kanthölzer entsprechend der gewünschten Lehnenhöhe kappen. Bei allen fünf Kanthölzern an einem Ende einen 15° Winkel abnehmen, um die Standfestigkeit zu erhöhen.

3 Alle Holzteile gründlich abschleifen. Die kürzeren Kanthölzer im rechten Winkel seitlich an die Vorderkante der Sitzflächen anschrauben. Dies sind die vorderen Bankfüße.

4 Die drei restlichen Kanthölzer an der Rückseite dieser Palette im rechten Winkel anbringen, an den Außenseiten und eines in der Mitte. Dies sind die hinteren Bankfüße sowie die Streben für die Rückenlehne. Die Kanthölzer mit je einem Winkel verstärken.

5 Die Sitzfläche hochkant stellen und die Dielenbretter parallel an die Außenseiten der Palette schrauben.

6 Mit der Wasserwaage die zwei abgesägten Winkel der Vorderfüße auf die langen Dielenbretter übertragen und entsprechend abschleifen.

7 Die Teilpalette der Rückenlehne auf die drei Kanthölzer legen und montieren. Zum Schluss die Bank gründlich abschleifen und mit grüner Farbe bemalen: Die Sitzfläche und Front mit Saftgrün, die Rückseite und die Rückenlehne mit Hellgrün bzw. Reseda.

Hinweis
Die Gartenbank braucht etwas Platz zum Stehen.

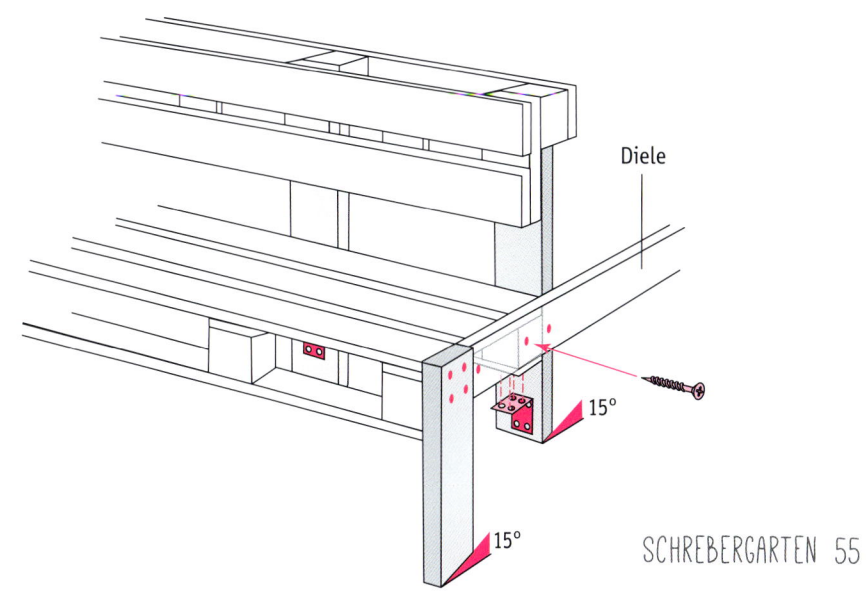

Diele

15°

15°

Kräuterbeet & Wegweiser

1   Für das Kräuterbeet die Weinkisten nach der ersten Lattung absägen.

2   Den Rahmen der Kiste mit Schleifpapier glatt schleifen und rundherum in der gewünschten Farbe bemalen.

3   Nach dem Trocknen die Holzfasern eventuell noch einmal abschleifen und erneut anmalen. Die Kisten im Garten platzieren, mit Erde füllen und mit Kräutern bepflanzen.

4   Für den Wegweiser Splitterholz wählen, welches eine Spitze bzw. eine Verjüngung aufweist, sodass später eine Richtungsanzeige entsteht. Die Bretter mit den Farben bunt grundieren.

5   Von Hand oder mit Schablone die Schilder beschriften, z. B. mit Urlaubszielen oder Gartenbereichen. Die Schilder nach Belieben an den Pfahl montieren und den Wegweiser aufstellen, indem das Pfahlende zu ca. 1/8 im Boden eingegraben wird.

TIPP
Nette Schildchen für das Kräuterbeet können Sie herstellen, indem Sie an eine Wäscheklammer ein Holzbrettchen kleben, das Sie mit Tafelfarbe bemalen und mit Kreide beschriften.

Material

- 4 Weinkisten aus Holz
- Acryllack in Orange, Gelb, Reseda und Hellgrün, je 350 ml
- Schleifpapier in 120er-Körnung
- Flachpinsel, 4 cm breit
- Japansäge
- Pfahl, ø ca. 7 cm, 250 cm lang
- 4–6 Restlatten bzw. Splitterholz vom Zerlegen der Paletten
- 4–6 Spax-Schrauben, 4 cm lang
- Akku-Schrauber

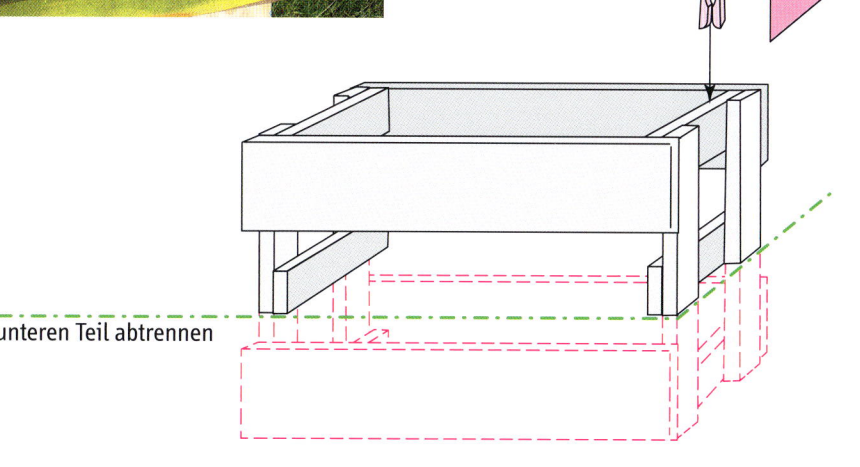

Kleber

unteren Teil abtrennen

BLUMENKASTEN

PFLANZTISCH

INSEKTENHOTEL

Pflanztisch

Material

- Einwegpalette, mit enger Lattung (Tischplatte und Rückwand) 120 cm x 120 cm
- Einwegpalette (Zwischenregal), 110 cm x 60 cm
- 2 Einwegpaletten (Seitenwände), 80 cm x 100 cm
- 2 Restbretter, 80 cm x 5 cm x 1 cm (Blende)
- Latte, 30 cm x 2 cm x 1 cm (Auflagenhölzchen)
- Restbrett, 40 cm x 2 cm x 6 cm (als Ablagebrett)
- Rundstab, ø 1 cm, 50 cm lang
- Holzleiste, 50 cm x 2 cm x 0,5 cm
- 2 Palettenklötze
- 3 Marmeladengläser
- Acryllack in Weiß, Antikgrün, Aubergine und Flieder, je 200 ml
- Klarlack, 750 ml
- 6 Winkel, 4 cm breit
- 2 Messingwinkel, 1 cm x 5 cm x 5 cm
- 4 Spax-Schrauben, 1,5 cm lang
- 30 Schrauben, 4 cm lang
- Schleifpapier in 80er-, 120er- und 220er-Körnung
- Flachpinsel, 2 cm breit
- Bohrer, 1 cm
- Akku-Schrauber

1 Teilen Sie die Palette mit enger Lattung der Länge nach an der Kante des mittleren Klotzes. Der breitere Teil dient als Tisch und der schmalere als Rückwand.

2 Schleifen Sie die Palette und die Sägekanten sehr gut ab, beginnen Sie mit der gröbsten Körnung und steigern Sie diese, bis Sie die feinste erreicht haben.

3 Restbretter auf die Zwischenräume der Paletten als Ablagebretter anpassen sowie die dünne Holzlatte als Auflagehölzchen auf viermal 6 cm absägen.

4 Die Bretter der zwei gleichgroßen Paletten je in Antikgrün, Aubergine oder Flieder streichen. Das werden die Seitenwände.

5 Nach dem Trocknen das große Teilstück, also die Tischplatte, auf die Seitenwände stellen und mit den vier Winkeln montieren.

6 Die einzelne Einwegpalette in den Tisch reinstellen und das so entstandene Zwischenregal mit den Seitenteilen verschrauben.

7 Palettenklötze an die Rückseite der Tischfläche legen und verschrauben.

8 Beide Restbretter als Blenden an die Seite der Tischplatte schrauben und den Klotz dadurch nochmals sichern.

9 Die Rückwand in Flieder streichen. Nach dem Trocknen die Holzleiste als Aufhängung an die Rückwand schrauben. Daneben Löcher bohren und die gekürzten Rundstäbe als Haken anbringen.

10 Weiter unten auf beiden Seiten die passend zugeschnittenen Holzlattenstückchen mit je zwei Schrauben als Auflagehölzchen für die Ablagebretter montieren.

11 Die zwei Ablagebretter auflegen und mit den kleinen Schrauben von oben verschrauben. Dann die Rückwand mit den Winkeln an die Klötze schrauben.

12 Für das Marmeladenglasregalbrett an das Restbrett Messing-Winkel schrauben. Die Marmeladenglasdeckel an die Unterseite des Brettes schrauben. Winkel von vorne durch das Wandteil schieben und an der Rückwand verschrauben.

13 Zum Schluss den ganzen Tisch mit Klarlack versiegeln.

TIPP
Als Tritt können Sie vor dem Tisch zwei Lattungen einer Palette verwenden.

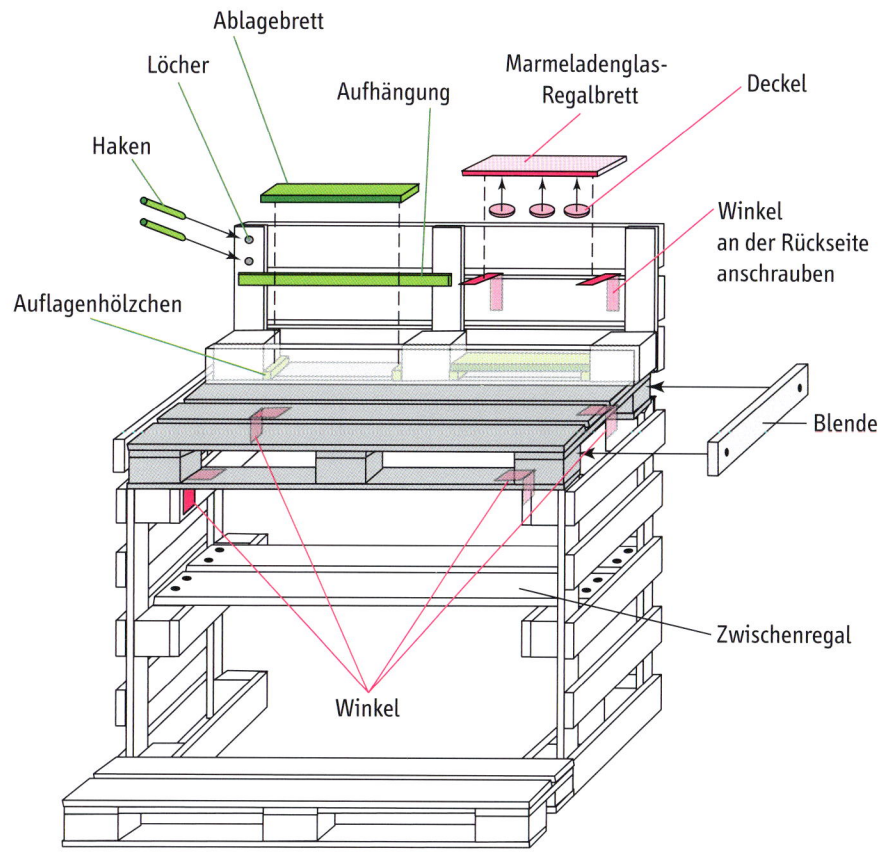

Insektenhotel

1 Die Weinkiste nach der ersten Lattung von unten kappen und die Kanten abschleifen.

2 Die Bretter aus dem oberen Restteil lösen und eine Querstrebe in die Kiste einziehen, auf der später der Ziegelstein liegt. Mit der separaten Holzlatte den Boden der Weinkiste verstärken.

3 Die Kiste mit dem Füllmaterial bestücken. Dabei den Ziegelstein neben der Querstrebe positionieren. Wichtig ist, dass das Füllmaterial trocken ist und alle Hölzer frei von Chemikalien sind. Insekten mögen es, wenn die Behausung verwinkelt und löchrig ist.

4 Wenn die Kiste befüllt ist, den Hasendraht über die Kiste spannen, sodass diese bedeckt ist. Den Hasendraht auf der Vorderseite mit den vier Unterlegscheiben und den Schrauben in jeder Ecke befestigen.

5 Den Draht um die Kiste bis auf die Rückseite spannen. Hier den Draht noch mit Tackernadeln befestigen.

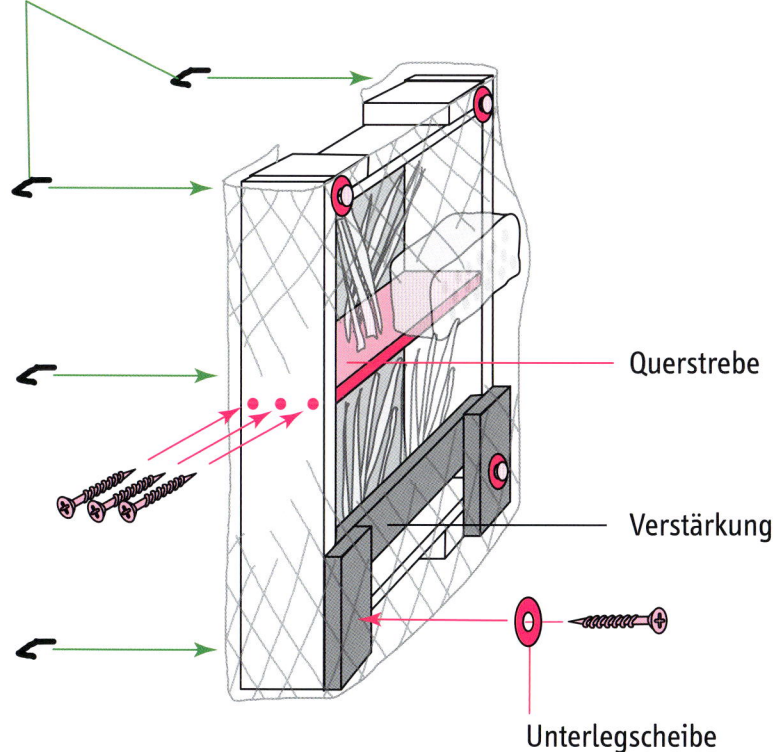

Hasendraht festtackern

Querstrebe

Verstärkung

Unterlegscheibe

Material

- Weinkiste aus Holz
- Hasendraht, 50 cm x 35 cm
- 4 Schrauben, 3 cm lang
- 4 Unterlegscheiben
- Tacker
- Japansäge
- Füllmaterial, wie Ziegelstein, gebohrtes Holz, Äste, Stroh etc.
- Holzlatte, 1,5 cm x 1 cm x 0,5 cm
- Akku-Schrauber

Blumenkasten

1 Die Palette in der Länge auf fünf Streben kürzen und die mittlere Strebe heraustrennen. Die Streben der Restpalette austrennen, die Bretter werden noch gebraucht.

2 Eine der Streben unten an der einen Palettenseite als Regalboden befestigen, darauf stehen später die unteren Blumentöpfe.

3 An der Rückseite oben wird eine weitere Strebe befestigt, sodass die Plastikschale hier für die obere Bepflanzung eingeklemmt werden kann.

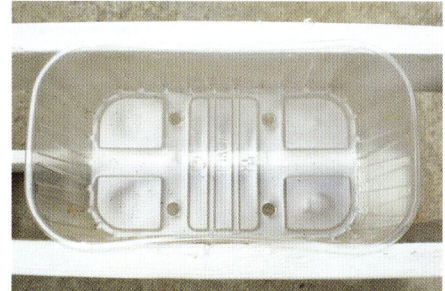

4 Mit den Restbrettern die Seiten des Blumenkastens verkleiden.

5 Alle Teile gut abschleifen. Dann die Paletten mit Antikgrün, Aubergine, Flieder und Weiß bemalen. Um die Streifen akkurat hinzubekommen, sollten die Kanten zuvor mit Kreppband abgeklebt werden.

6 Vor dem Bepflanzen die Blumenkästen mit Klarlack wetterfest versiegeln. Gut trocknen lassen und gegebenenfalls den Vorgang wiederholen.

7 Die Wandhalterungen an die Rückseite des Blumenkastens schrauben und damit an der Wand aufhängen.

TIPP
Der Zwischenraum eignet sich für Blumentöpfe, die je nach Jahreszeit gewechselt werden können. Die obere Bepflanzung kann dauerhaft erfolgen, um den Garten immergrün zu halten.

Material

- 2 Einwegpaletten, 90 cm x 50 cm
- ca. 30 Spax-Schrauben, 3,5 cm lang
- Acrylfarbe in Antikgrün, Aubergine, Flieder und Weiß, matt, je 200 ml
- Flachpinsel, 4 cm breit
- Klarlack, wetterfest, ca. 500 ml
- Schleifpapier in 80er-, 120er- und 220er-Körnung
- Japansäge
- 2–4 Plastikverpackungen (Schalen)
- 4 Wandhalterungen
- Akku-Schrauber

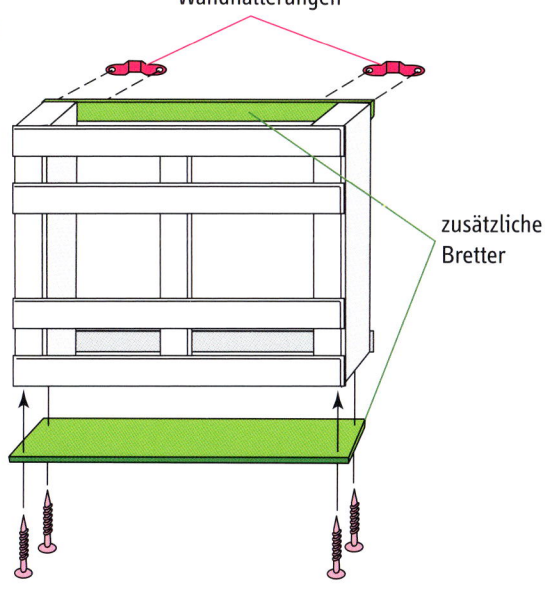

Wandhalterungen

zusätzliche Bretter

Grünes Wohnzimmer

SCHILD „RELAX"

SIDEBOARD

TEELICHTHALTER

STEHLAMPE

LOUNGE-SESSEL

LOUNGE-TISCH

Material pro Sessel

- 2 Europaletten
- 5 Metallwinkel, 5 cm breit
- 12 Spax-Schrauben, 3 cm lang
- 28 Spax-Schrauben, 1,5 cm lang
- Schleifpapier, 80er-, 120er- und 220er-Körnung
- Tiefengrund

- Acryllack oder Fassadenfarbe in Weiß
- Walze
- Pappteller oder stabiler Kartonrest
- Handkreissäge
- Restbretter zum Unterlegen beim Lackieren
- Akku-Schrauber

Lounge-Sessel

1 Dritteln Sie die Paletten der Länge nach bzw. sägen Sie diese am Ende des zweiten Palettenklotzes der Breite nach durch. Drehen Sie das Teil und sägen Sie die entsprechenden Bretten auf dieser Seite ebenfalls durch.

2 Eine der zwei langen Teilpaletten vor dem Klotz absägen. Diesen Teil dann der Breite nach noch in „Streifen" sägen, damit je die äußeren Unterstreben der Palette als Armlehne herauskommen.

3 Alle Palettenteile sehr gut abschleifen. Am besten beginnen Sie mit einer 80er-Körnung und steigern diese.

4 Grundieren Sie die Holzteile von allen Seiten. Hierzu legen Sie die zu streichenden Teile auf die Restholzbretter. Nach dem Trocknen, bei Bedarf das Ganze nochmals fein abschleifen.

5 Weiße Farbe auf den Pappteller geben und die Walze gut darin tränken. Hiermit die gewünschten Holzteile weiß einfärben. Nach dem Farbauftrag nochmals mit der Walze über die Flächen fahren. So entfernen Sie die entstandenen Luftbläschen.

6 Nach dem Trocknen die aufgestellten Holzfasern mit dem feinen Schleifpapier abschleifen und die Farbe nochmals auftragen.

7 Nun die Teile montieren: Legen Sie die große Teilpalette auf den Boden und legen Sie ein kurzes Teilstück darauf, sodass es vorne bündig liegt.

8 Verschrauben Sie die beiden Paletten, indem Sie in die Palettenzwischenräume von außen je drei lange Spax-Schrauben eindrehen.

9 Mittig an der Sägekante wird an jede Armlehne ein Winkel montiert. Die Armlehnen werden platziert und ebenso mit je drei langen Spax-Schrauben in den Zwischenräumen befestigt.

10 Die kurze Palette wird als Rückenlehne von hinten angestellt. Verbinden Sie die Sitzfläche und die Rückenlehne mithilfe der drei Winkel und mit den Winkeln der Armlehnen.

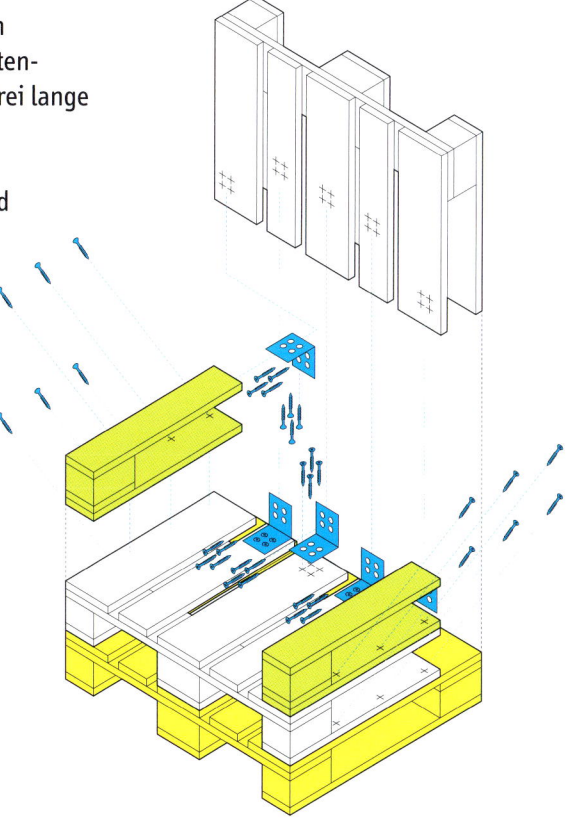

Material

- Europalette
- 8 Holzklötze bzw. Zwischenklötze einer Palette, 14 x 10 x 8 cm
- 16 Spax-Schrauben, 1,5 cm lang
- 32 Spax-Schrauben, 6 cm lang
- 4 Metallverbindungsplatten, 8 x 16 cm
- Schleifpapier, 80er-, 120er- und 220er-Körnung
- Tiefengrund
- Acryllack oder Fassadenfarbe in Weiß
- Walze
- Flachpinsel, 4 cm breit
- Pappteller oder stabiler Kartonrest
- Handkreissäge oder Stichsäge
- Restbretter zum Unterlegen beim Lackieren
- Akku-Schrauber

Lounge-Tisch

1 Sägen Sie die Palette nach dem zweiten Klotz mit der Handkreissäge durch. Die Streben auf der Rückseite ebenfalls absägen.

2 Alle Palettenteile und die Holzklötze sehr gut abschleifen. Beginnen Sie mit einer 80er-Körnung und steigern Sie diese.

3 Grundieren Sie die Holzteile gut von allen Seiten. Hierzu legen Sie die zu streichenden Teile auf die Restholzbretter. Nach dem Trocknen, bei Bedarf alles nochmals fein abschleifen.

4 Weiße Farbe auf den Pappteller geben und die Walze gut darin einfärben. Hiermit alle Holzteile weiß streichen.

Mit einem Pinsel die engeren Stellen bemalen. Nach dem Farbauftrag noch einmal mit der Walze über die Fläche fahren. So entfernen Sie entstandene Luftbläschen.

5 Nach dem Trocknen die aufgestellten Holzfasern mit dem feinen Schleifpapier abschleifen und die Farbe nochmals auftragen.

6 Je zwei Klötze stapeln und von jeder Seite, schräg über die Klotzkante in den darunterliegenden Klotz, die langen Schrauben eindrehen. Ebenso von der Palette in den darunterliegenden Klotz.

7 Jeweils eine Metallplatte auf den obersten Klotz legen und mit vier Schrauben befestigen. Die Tischplatte auf die Oberseite legen und die Tischbeine festschrauben, indem Sie die Metallplatte an der Tischplatte festschrauben. Eventuell die Tischbeine mit einer schrägen Schraube nochmals mit der Tischplatte verbinden.

TIPP
Mit einer Glasplatte versehen sind Gläser standhafter und der Tisch ist zudem geschützter.

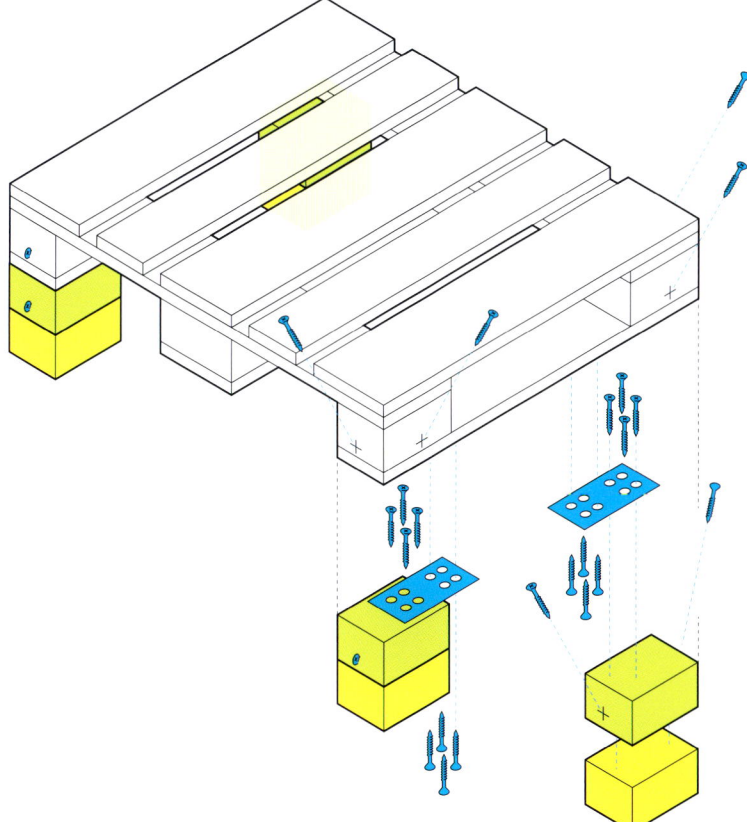

Stehlampe

1 Drei Paletten-Unterstreben von je zwei Klötzen befreien, sowie von einem Brett. Die Außenkanten etwas anschleifen.

2 Die drei Klotz-Verbindungen dicht aneinanderstellen. Zunächst zwei Bretter oben miteinander verschrauben und dann das dritte Brett an die anderen schrauben.

3 Den Lampenständer auf die Oberkante bzw. die Spitze stellen. Nun mithilfe der Metallverbindungen die Klötze an der Standfläche miteinander verbinden, sodass je zwei Klötze verschraubt sind.

4 Den Standfuß wieder umdrehen und den Gurkenglasdeckel auf der Spitze mit zwei Schrauben festschrauben. Den Lampenschirm mit dem Glühbirnenfassungsgestell unter den Deckel schieben und eine dritte Schraube in den Deckel drehen.

TIPP

Ich stelle in meine Gartenlampe eine Kerze und verzichte auf den Kabelsalat. Die Kerze aber nicht unbeaufsichtigt lassen.
Es empfiehlt sich, die Latten vor dem Anschrauben vorzubohren, damit sie sich nicht spalten.

Material

- 3 Paletten-Unterstreben einer Palette, 14 x 10 x 8 cm
- 3 Spax-Schrauben, 3,5 cm lang
- 15 Spax-Schrauben, 2 cm lang
- Schleifpapier, 80er-, 120er- und 220er-Körnung
- 3 Metallverbindungen
- Lampenschirm
- Gurkenglasdeckel, 8–10 cm
- Akku-Schrauber

Schild „Relax"

1 Schleifen Sie zuerst das Brett ab und bemalen Sie es anschließend in Karibikblau.

2 Schreiben Sie das Wort „Relax" in Weiß auf. Sie können die Schrift zunächst mit Bleistift vorzeichnen und dann mit der weißen Farbe nachmalen. Evtl. den Farbauftrag wiederholen.

3 Fügen Sie den kleinen Schriftzug in hellgrau hinzu.

4 Konturen können Sie mit dem 3D-Stift darstellen und eine Zickzack-Schraffur in die Buchstaben malen.

5 Befestigen Sie zum Schluss eine Kordel mit dem Tacker auf der Rückseite.

TIPP
Für das Schild können Sie einfach Restfarben verwenden.

Material

- Restholzbrett, 50-60 cm lang
- Schleifpapier, 80er-, 120er- und 220er-Körnung
- Acrylfarbe in Weiß, Hellgrau und Karibikblau
- 3D-Stift in Schwarz und Weiß
- Kordel
- Tacker
- Flachpinsel

Teelichthalter

1 Streichen Sie zunächst den Klotz mit Petrol oder in Ihrer Wunschfarbe.

2 Die Mitte der Teelichterlöcher mit einem Stift markieren. Die Anzahl können Sie selbst bestimmen. Die Löcher so tief mit dem Bohrer bohren, dass ein handelsübliches Teelicht mind. 1 mm tief versenkt ist.

3 Das Ganze nochmals abschleifen und auch die Farbe an den Kanten mehr abschleifen, um einen Used-Look zu erreichen.

Material

- Palettenklotz
- Acrylfarbe in Petrol
- Schleifpapier, 180er-Körnung
- Forstnerbohrer, ø 45 mm
- Walze

Material

- Europalette
- 4 Holzklötze bzw. Zwischenklötze einer Palette, 14 x 10 x 8 cm
- 2 Bretter, 9 x 38 cm
- 16 Spax-Schrauben, 1,5 cm lang
- 16 Spax-Schrauben, 3,5 cm lang
- 4 Spax-Schrauben, 2,5 cm lang
- 4 Metallverbindungsplatten, 8 cm x 16 cm
- Schleifpapier, 80er-, 120er- und 220er-Körnung
- 2 Plastik-Ordnungssystem, z.B. Papier-schubfächer
- Forstnerbohrer, ø 3,5 cm
- Acryllack oder Fassadenfarbe in Petrol
- Walze oder Flachpinsel, 4 cm breit
- Pappteller oder stabiler Kartonrest
- Stichsäge
- Akku-Schrauber

Sideboard

1 Sägen Sie die Palette der Länge nach durch, sodass drei Bretter übrig bleiben.

2 Bohren Sie in die Mitte der zusätzlichen Bretter mit dem Forstnerbohrer jeweils ein Loch.

3 Die Teilpalette, Bretter und Klötze abschleifen.

4 Die Sideboardoberseite und Schubladenbretter in Petrol anmalen. Nach dem Trocknen die Kanten abschleifen, um wieder etwas Farbe abzunehmen.

5 Je eine Metallplatte auf einen Klotz legen und mit vier Schrauben befestigen. Legen Sie nun die Teilpalette auf die Oberseite und schrauben Sie die Beine mithilfe der Metallplatten daran fest.

6 Sie können die Standbeine mit einer schrägen Schraube zusätzlich mit der Tischplatte verbinden. So erhalten Sie mehr Stabilität.

7 Die Schubladenblenden mit dem Plastikeinschub verbinden, indem Sie diese verschrauben.

TIPP
Durch die Plastikvariante ist der Inhalt der Schublade vor Nässe geschützt. Sie können aber auch Holzkisten verwenden.

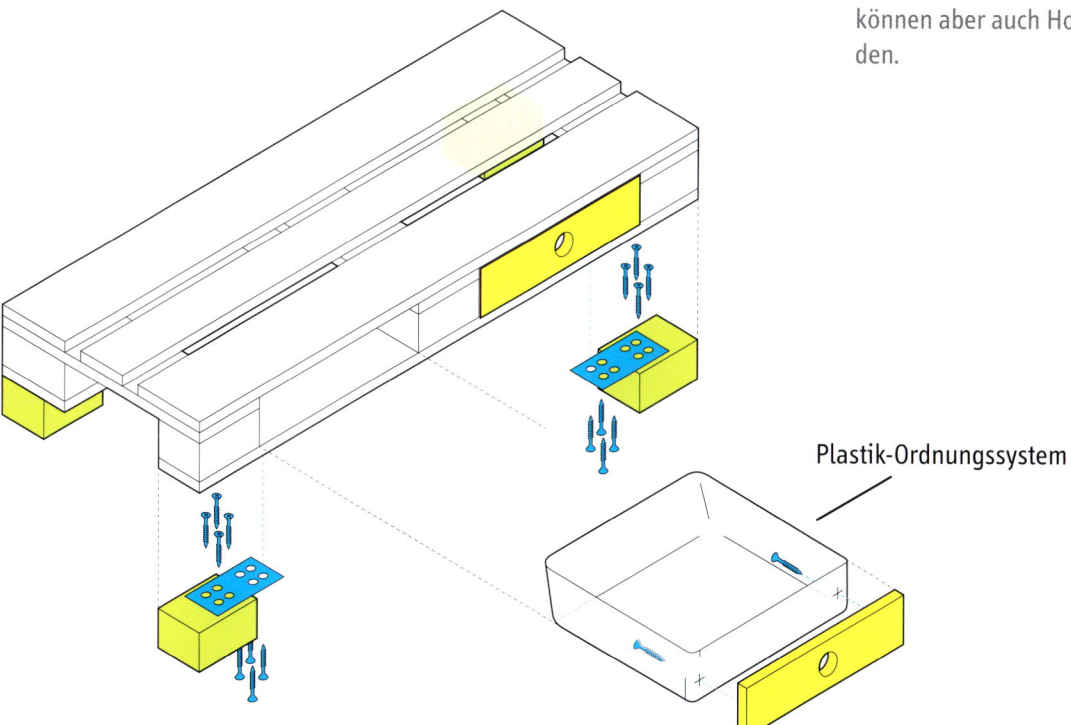

Plastik-Ordnungssystem

SCHILD
TO THE GARDEN

SICHTSCHUTZ

BEISTELLTISCH

Ruheoase

SCHIRMSTÄNDER

LIEGESTUHL

Liegestuhl

1. Dritteln Sie eine Palette, indem Sie diese am Ende des zweiten Palettenklotzes der Breite nach durchsägen.

2. Die Paletten, die Vierkanthölzer und Holzklötze mit Schleifpapier glatt schleifen. Achten Sie darauf, dass die Oberfläche glatt wird, da die Liegefläche entweder mit Haut oder einem Stoff in Kontakt kommt. Fangen Sie daher mit einer 80er-Körnung an und steigern Sie diese bis zur feinsten Körnung.

3. Grundieren Sie die Holzteile gut von allen Seiten. Nach dem Trocknen die Oberfläche noch einmal fein abschleifen.

4. Die weiße Farbe auf den Pappteller geben und die Walze gut darin eintauchen. Hiermit alle Holzteile weiß einfärben. Mit einem Pinsel die engeren Stellen und Zwischenräume anmalen.

5. Nach dem Farbauftrag nochmals mit der Walze über die Holzteile fahren und so die entstandenen Luftbläschen entfernen.

6. Nach dem Trocknen eventuell die aufgestellten Holzfasern mit dem feinen Schleifpapier abschleifen und die Farbe nochmals auftragen.

→ weiter geht's auf Seite 82

Material pro Liegestuhl

- 2 Europaletten
- 6 Holzklötze bzw. Zwischenklötze einer Palette, 14 x 10 x 8 cm
- 2 Vierkanthölzer, 200 x 6 x 10 cm
- Vierkantholz, 60 x 6 x 10 cm
- 6 Metallverbindungsplatten, 8 x 16 cm
- 48 Spax-Schrauben, 4 cm lang
- 8 Spax-Schrauben, 3 cm lang
- 16 Spax-Schrauben, 2 cm lang
- Scharnier, 6 cm breit
- Klavierband, 6-80 cm breit
- 6 Schlosserschrauben mit Versenkkopf, 18 cm lang
- 6 passende Schraubenmuttern
- Schleifpapier, 80er-, 120er- und 220er-Körnung
- Tiefengrund
- Acryllack oder Fassadenfarbe in Weiß
- Walze
- Flachpinsel, 4 cm breit
- Pappteller oder stabiler Kartonrest
- Handkreissäge
- Bohrer, 10 mm
- Restbretter zum Unterlegen beim Lackieren
- Schraubzwinge, 30 cm
- Hammer
- Akku-Schrauber

7 Nun die Teile montieren: Legen Sie jeweils eine Verbindungsplatte zur Hälfte auf einen Klotz und schrauben Sie diese mit vier Spax-Schrauben fest. Wiederholen Sie dies bei allen Klötzen.

8 Die Klotzverbindung an den Enden auf den Holzbalken mit je 4 Schrauben an den überstehenden Metallverbindungen und am Ende der Liegepalette festschrauben. Diesen Vorgang mit dem anderen Balken wiederholen.

9 Legen Sie die gesamte Liegefläche auf die Oberkante und legen Sie die Vierkanthölzer dicht an die Palettenklötze an. Fixieren Sie die Vierkanthölzer mit der Außenkante der Palette.

10 Die gekürzte Palette mit der Liegepalette mithilfe des Klavierbandes verbinden. Beachten Sie vor dem Anschrauben, in welche Richtung das Scharnier blockiert.

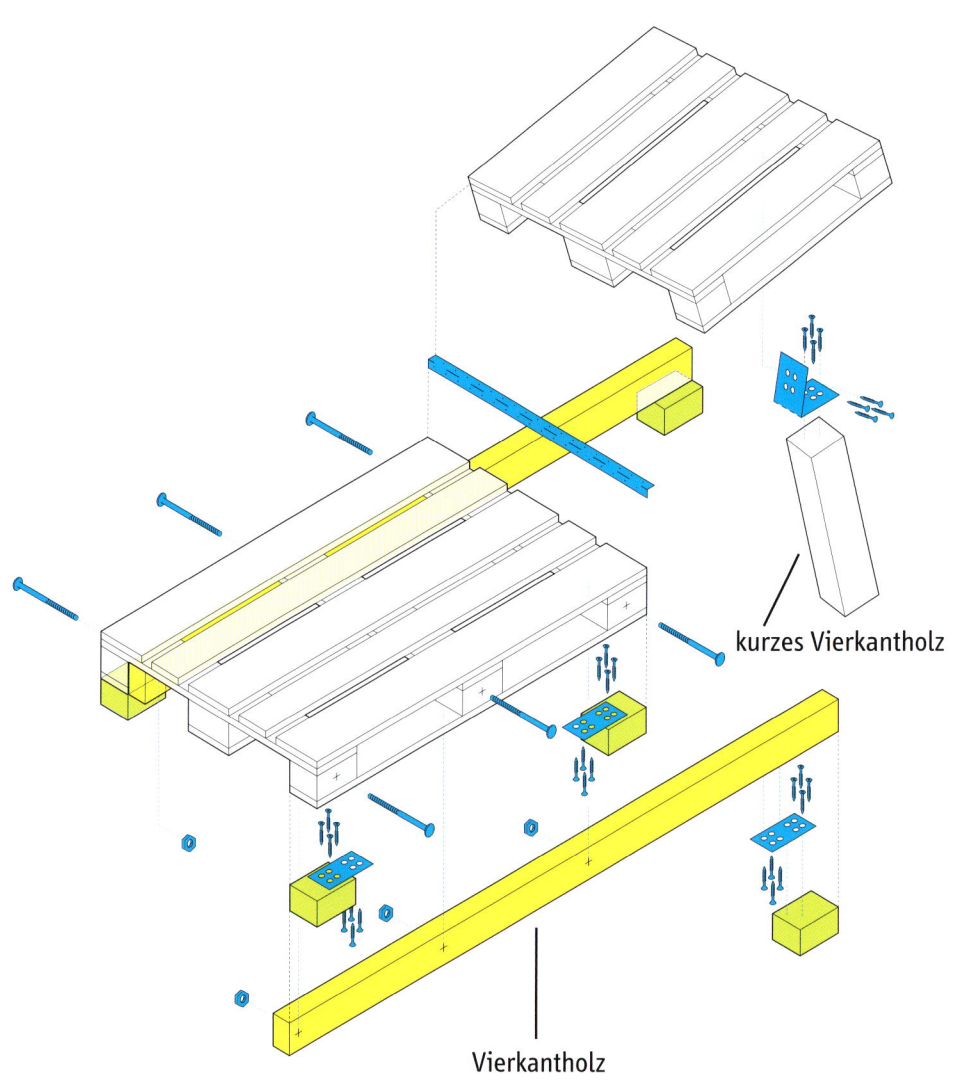

kurzes Vierkantholz

Vierkantholz

11 Mit dem Bohrer von außen nach innen die Löcher bohren, um das mögliche Ausbrechen des Holzes zu verdecken. Die Schlosserschrauben durch die Bohrung führen und mit dem Hammer auf den Kopf schlagen, um diesen im Holz zu fixieren. Die Mutter mit dem Gabelschlüssel festschrauben.

12 Das Scharnier an der Oberkante des übrigen Vierkantholzes montieren. Rückenlehne hochstellen und den Vierkant anlehnen. An der Wunschhöhe festschrauben.

TIPP
Es ist wirklich sinnvoll, für eine weiße Streichfläche eine helle, nicht allzu verölte Palette zu wählen, ebenso ist der Tiefengrund sehr hilfreich, um das gelbliche Durchschimmern von „Altlasten" der Palette zu vermeiden.

Material

- 4 Einwegpaletten, 107 cm x 107 cm
- 4 Scharniere, 4 cm breit
- 6 Metallverbindungsplatten
- 82er Spax-Schrauben, 1,5 cm lang
- Schleifpapier 80er-, 120er- und 220er-Körnung
- Fassadenfarbe Reseda in Mint und Weiß
- Handtuchhalterstange
- Klapphacken
- Akku-Schrauber
- Flachpinsel

Sichtschutz

1 Die Paletten nur nach Bedarf leicht abschleifen, z. B. an den Griffstellen. Die Palettenlatten je nach Wunsch streichen.

2 Nach dem Trocknen zwei Paletten auf die Vorderseite legen, anlegen und mit den Verbindungsplatten verbinden.

3 Die zwei verbundenen Paletten nun mit den vier Scharnieren verschrauben, sodass man diese zusammenklappen kann.

TIPP
Mit einer kleinen Handtuchstange ziehen die Frotteehandtücher keine Fäden. Hinter dem Griff sollten Sie die Paletten noch etwas abschleifen.

Material pro Tisch

- Einwegpalette
- 4 Restbretter, 10 cm x 30 cm
- 4 Spax-Schrauben, 3 cm lang
- 8 Schlosserschrauben mit Versenkkopf, 7 cm lang
- 8 Schlosserschrauben mit Versenkkopf, 5 cm lang
- Schleifpapier, 80er-, 120er- und 220er-Körnung
- Tiefengrund
- Acryllack oder Fassadenfarbe in Weiß
- Walze

- Flachpinsel, 4 cm breit
- Pappteller oder stabiler Kartonrest
- Handkreissäge oder Stichsäge
- Restbretter zum Unterlegen beim Lackieren
- Bohrer, ø 5 cm
- Schraubzwinge, 15 cm
- Hammer
- Zimmermannshammer
- Flachmeißel
- Akku-Schrauber

Beistelltisch

1 Teilen Sie die Palette auf die Wunsch-tischlänge, hier sind es 43 cm.

2 Die übrigen zwei Bretter werden vom Palettenklotz gelöst. Dieser wird an die Tischpalette mit den Schrauben ange-schraubt.

3 Die Resthölzer werden auf das Innenmaß des Tisches abgesägt, hier 32 cm. Zwei Teile werden auf die Breite des Tisches abgesägt, hier 40 cm.

4 Schleifen Sie dann die Tischeinzel-teile noch einmal mit Schleifpapier glatt. Beginnen Sie mit einer 80er-Körnung und steigern Sie diese.

5 Grundieren Sie die Holzteile von allen Seiten. Nach dem Trocknen die Teile nochmals fein abschleifen.

6 Weiße Farbe auf den Pappteller ge-ben und die Walze gut darin einfärben. Hiermit alle Holzteile weiß streichen und mit einem Pinsel die engeren Stellen anmalen. Nach dem Farbauftrag nochmals mit der Walze über die Flächen gehen und so die entstandenen Luftbläschen entfernen.

7 Nach dem Trocknen die aufgestell-ten Holzfasern mit dem feinen Schleif-papier abschleifen und die Farbe noch-mals auftragen.

8 Für das erste Tischbein legen Sie zwei Bretter parallel, sodass die Breite des Tisches entsteht. Auf diese das Brett auflegen und mit vier Bohrungen im Abstand von 2 cm vom Rand im unteren Bereich versehen. Die Bretter mit den Schlosserschrauben fixieren. So auch das zweite Tischbein zusammenbauen.

9 Die Tischbeine mit der Außenseite auf den Boden legen und die Palette hochkant mit dem Palettenklotz an der Oberkante des Tischbeines stellen. Ebenso pro Brett zwei Bohrungen durch-führen und mit den kürzeren Schlosser-schrauben verbinden.

TIPP
Sie können den Beistelltisch auch mit vier Scharnieren versehen und dadurch die Tischbeine einklappen. So lässt sich der Tisch platzsparend wegräumen. Hier sollten Sie nur an das Versetzen der Scharniere denken. Versetzungsmaß = Tischbeinstärke.

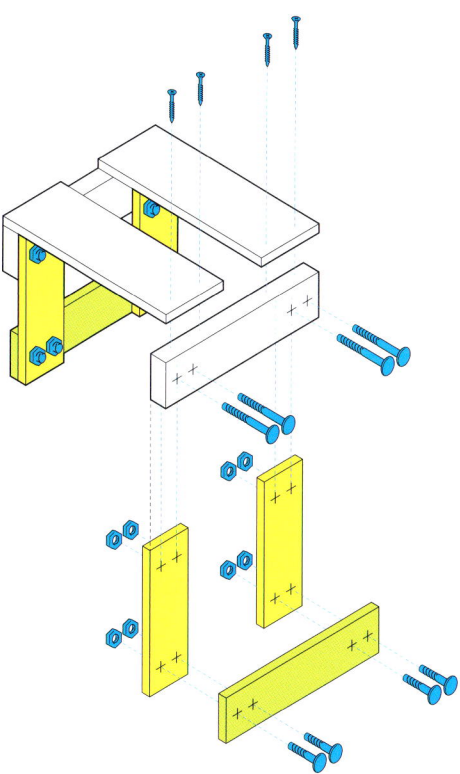

Schirmständer

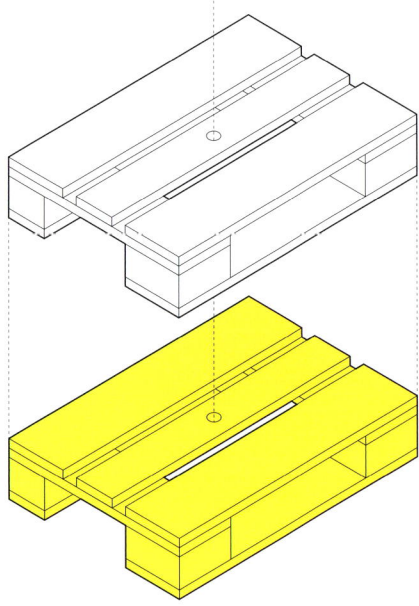

Material

- 2 Europaletten
- 8 Spax-Schrauben, 4 cm lang
- Schleifpapier, 80er-, 120er-
  und 220er-Körnung
- Forstnerbohrer, 35 cm
  (je nach Schirmstabdurchmesser)
- Tiefengrund
- Fassadenfarbe in Reseda
- Akku-Schrauber

1   Die Paletten auf die Wunschgröße absägen. Dabei darauf achten, dass an der Sägestelle immer ein Klotz als Abschluss ist. Jeweils in der Mitte der Palette ein Loch, mit dem Durchmesser des Schirmstabes, bohren.

2   Schleifen Sie die Paletten sehr gut ab. Die Holzoberfläche mit Tiefengrund behandeln. Nun eventuell nochmals abschleifen und dann die Paletten in der gewünschten Farbe anstreichen.

3   Nach dem Trocknen die Paletten aufeinandersetzen, sodass die gebohrten Löcher direkt übereinander liegen. Sie können nun die Paletten entweder in den Zwischenräumen zusammenschrauben oder unverschraubt lassen.

TIPP
Unverschraubt ist der Schirmständer leichter zu transportieren.

Schild „To the Garden"

1 Schleifen Sie zunächst das Brett ab. Dann die Schrift mit einem Bleistift vorzeichnen. So können Sie eventuell die Schrift nochmal korrigieren, falls sie nicht richtig steht.

2 Nun die Schrift mit der Acrylfarbe nachmalen. Die Konturen malen Sie mit den 3D-Stiften nach. So können Sie auch Licht und Schatten besser nachstellen.

3 Nun mit Rot den Sonnenschirm über „the" malen und das Wort „Beach" durchstreichen.

4 Die Kordel als Aufhängung an der Rückseite mit einem Tacker fixieren.

Material

- Restholzbrett, 50-60 cm lang
- Schleifpapier, 80er-, 120er- und 220er-Körnung
- Acrylfarbe in Weiß und Reseda
- 3D-Stift in Schwarz, Rot und Weiß
- Kordel
- Tacker
- Rundpinsel

Partyecke

SITZGELEGENHEIT

SICHTSCHUTZ

TISCH

Sichtschutz

1 Von den Paletten, den Latten und den Brettern die Splitter entfernen und sie grob abschleifen. Die Latten mit der türkisen Farbe bemalen. Die Paletten und Zusatzbretter nach Wunsch in Grau oder Türkis anmalen. Für den Voranstrich eignet sich die Walze, für die Feinheiten der Pinsel.

2 Die Einschlaghülsen nach Hersteller-angaben einschlagen. Dabei beachten, dass der Abstand dem der seitlichen Palettenöffnung entspricht: Die Paletten werden später über die zwei Kanthölzer geschoben und an diesen Kanthölzern befestigt. Darauf achten, dass diese im Wasser stehen.

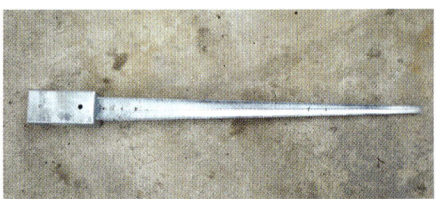

Material

- 9 Europaletten
- 10 Dachlatten, 2,5 cm x 250 cm x 2 cm
- 3 Zusatzbretter à 120 cm x 1,5 cm x 15 cm
- 6 Zusatzbretter à 80 cm x 1,5 cm x 15 cm
- verschiedene Resthölzer, 1–2 cm stark
- 8 Einschlaghülsen, 7 x 7 cm plus passende Schrauben
- 8 Kanthölzer, 7 cm x 7 cm, 250 cm hoch
- Acryllack in Mittelgrau, 1,5 l

- Farbe in Türkis, matt, 500 ml
- 250 Spax-Schrauben, 3,5 cm lang
- Schleifpapier in 120er-Körnung
- Flachpinsel, 4 cm breit
- Walze, 8 cm breit
- Japansäge oder Handkreissäge
- Vorschlaghammer
- Bohrer, ø 1 cm
- große Wasserwaage
- 17er-Gabelschlüssel und Ratsche
- Akku-Schrauber

3 Die entsprechende Stelle markieren und ein Loch vorbohren, um dann die Kanthölzer mit den passenden Schrauben an den Einschlaghülsen zu befestigen.

4 Die erste Reihe Paletten aufsetzen, sodass die Kanthölzer durch die seitliche Palettenöffnung hindurchführen. Ins Wasser setzen, hierzu ggf. einen dicken Karton oder ein Restholz unterlegen.

5 Die Palettenreihe auch in der Vertikalen ins Wasser setzen, eventuell zwischen die Palette innen und das Kantholz ein Stück Holz stecken. Die Paletten und die Kanthölzer mit den Schrauben verbinden.

6 Darüber wird mit der gleichen Vorgehensweise zwei weitere Reihen Paletten angebracht. Falls Sie die Höhe variieren möchten, können Sie die mittleren Paletten mit der Handkreissäge oder der Japansäge zuvor kappen.

7 Die Zusatzbretter dienen der Verkleidung und werden an den Sichtkanten seitlich und oben montiert: je drei Bretter an den Seiten und oben. Dadurch entsteht ein schmaler Hohlraum, den Sie nutzen können, um Gartenschlauch oder andere Gartengeräte zu verstauen.

8 Für die Bepflanzung werden 80 cm breite Fenster aus der Wand ausgesägt, in denen die Pflanzen später platziert werden. Als Rückwand für die Fenster werden die kurzen Zusatzbretter montiert.

9 Zum Schluss die bunten Latten in die Fugen einlegen und nach Maß absägen. Diese werden von hinten an die Paletten angeschraubt.

TIPP

An den Fenstern Hasendraht anbringen und mit Folie auslegen, dann mit Kräutern oder Beeren bepflanzen, sodass es in der gemütlichen Gartenecke lecker duftet.

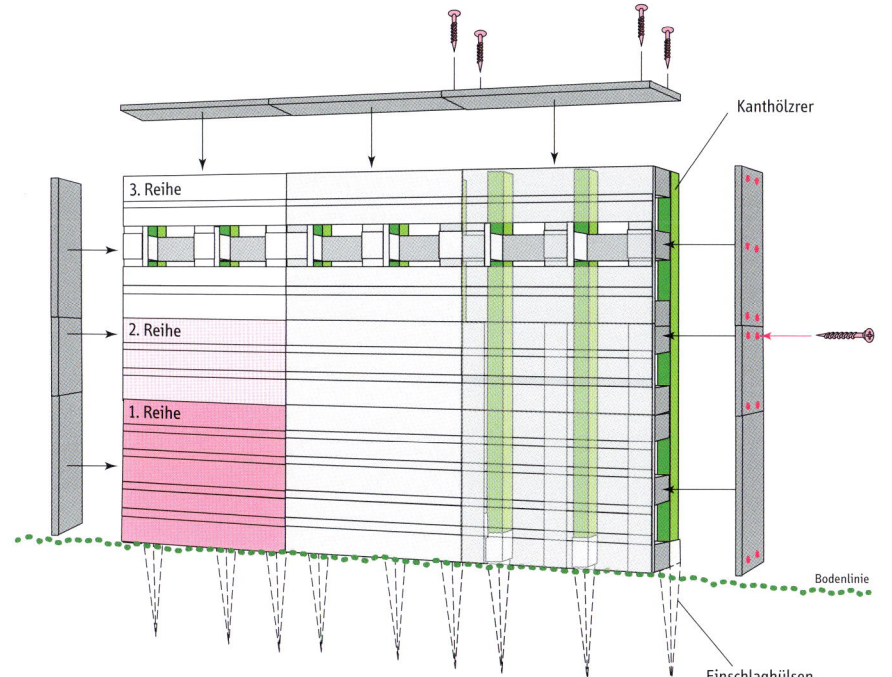

Kanthölzrer

3. Reihe

2. Reihe

1. Reihe

Bodenlinie

Einschlaghülsen

Sitzgelegenheit

1 Schleifen Sie die Paletten, Latten und Klötze sehr gut ab, beginnen Sie mit der gröbsten Körnung und steigern Sie die Körnung, bis Sie die feinste erreicht haben.

2 Die große Einwegpalette als Sitzfläche auf den Malerböcken platzieren. Dachlatten in die Zwischenräume einfügen und an einer Seite bündig legen. Mit einem einzelnen Nagel an dieser Seite fixieren.

3 Dann die Latten ausrichten und am anderen Ende mit einem Nagel fixieren. Bei Bedarf pro Seite zwei Nägel verwenden. Überstehende Enden mit der Japansäge kappen. Sägekanten mit Schleifpapier abschleifen.

4 Die Sitzfläche, Klötze und Lehnenpaletten von allen Seiten her einölen und eintrocknen lassen. Dabei auf die Gebrauchsanweisung des Herstellers achten. Die Behandlung wiederholen, da die Sitzgelegenheit im Außenbereich stehen wird, sollte sie gut versiegelt sein.

Material

- Einwegpalette, ca. 100 x 200 cm
- 2 Einwegpaletten, ca. 80 x 100 cm
- 4 Kanthölzer bzw. Palettenzwischenklötze, ca. 20 cm x 12 cm x 12 cm
- 4 Dachlatten, 210 cm x 3 cm x 2 cm
- Flachpinsel, 4 cm breit oder Walze
- Acrylfarbe in Türkis und Dunkelgrau, matt

- Leinöl und Baumwolltuch
- 16 Spax-Schrauben, 5 cm
- 8 Spax-Schrauben, 15 cm
- 2 Malerböcke
- Bohrer, 1 cm
- 16 Nägel, 4 cm
- Schleifpapier in 80er-, 120er und 220er Körnung
- Hammer
- Japansäge
- Akku-Schrauber

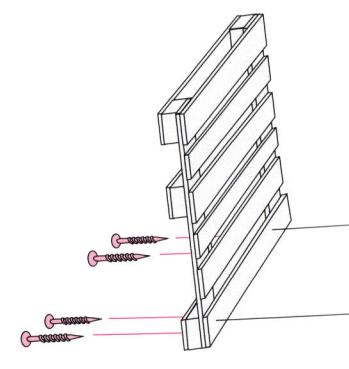

5 Nach dem Trocknen Klötze und Lehnen-Paletten mit der Acrylfarbe in Grau und Türkis bemalen.

6 In die Klötze von oben mit dem 1 cm-Bohrer zwei Löcher bohren. Die Löcher sollten bis zu zwei Drittel des Klotzes tief sein. Die Klötze vorne an der Unterseite der Sitzfläche mit den langen Schrauben fixieren, sodass beim Aufstellen der Sitzfläche eine leichte Schräge entsteht. Die Lehnenpaletten an der Hinterkante der Sitzfläche im rechten Winkel positionieren und mit den kürzeren Schrauben gut fixieren.

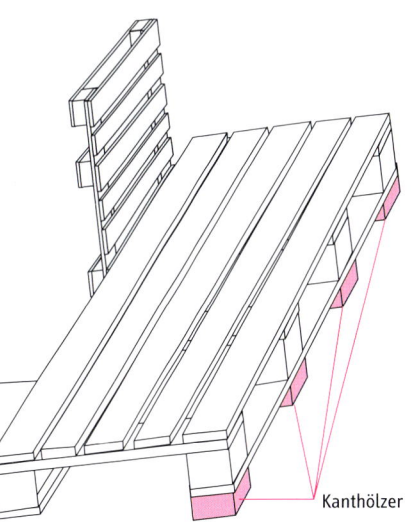

Kanthölzer

Tisch

1 Die Palette wird jeweils links und rechts vom mittleren Zwischenklotz der Breite nach zersägt.

2 Die mittigen Palettenklötze von den Restlatten befreien. Schleifen Sie die Palette und Holzklötze sehr gut ab.

3 An das Palettenstück, welches unten sein soll, mit den kurzen Schrauben in jeder Ecke eine Rolle montieren.

Material

- Euro-Palette
- 4 kleine Möbelrollen
- Acryllack in Dunkelgrau
- 16 Spax-Schrauben, 1,5 cm lang
- 12 Spax-Schrauben, 3,5 cm lang
- Schleifpapier in 80er- und 220er-Körnung
- Walze
- Akku-Schrauber

4 Die obere Palette wird mit der Walze an der Oberfläche grau eingewalzt. Nach dem Trocknen die Palette leicht abschleifen und erneut einfärben, damit eine glatte Oberfläche entsteht.

5 Beide Palettenteile senkrecht stellen und 10–15 cm ineinander schieben, auf jeder Seite einen Palettenklotz platzieren.

6 Den Tisch auf die Rollen stellen und den Schwerpunkt des Tisches austarieren. Die Klötze und Palettenteile mit den langen Schrauben verbinden.

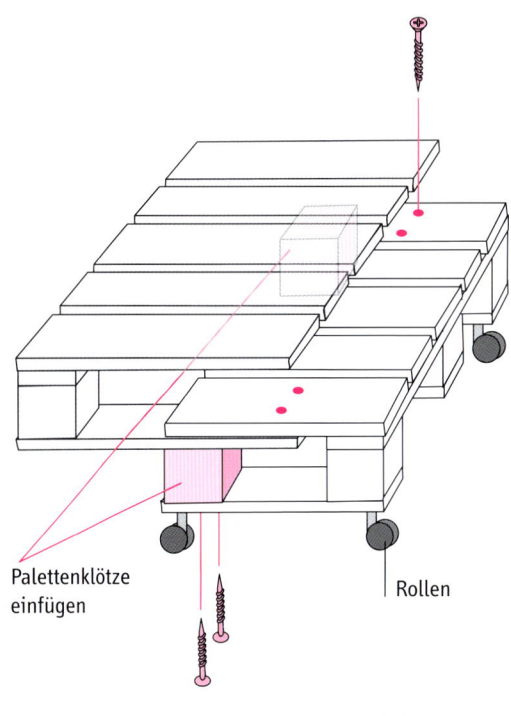

Palettenklötze einfügen

Rollen

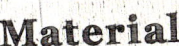

Rollen

Autorin

Claudia Guther lebt mit ihrer Familie im Raum Ludwigsburg. Seit 2003 veröffentlicht sie Bücher beim frechverlag zum Thema Raumdekoration, Kinderbeschäftigung und Acrylmalerei. Mehr über ihre Arbeit erfahren Sie unter www.kivents.de sowie unter www.farbstoerung.de.

Danke!

Meinen Dank möchte ich meiner Familie aussprechen, genauso wie meinen Nachbarn, die mir mit ihrer Geduld und ihrem Verständnis ermöglicht haben, dieses Projekt zu meistern.

Großer Dank geht auch an die Firma Marabu, die mir ihre gesamte Farbpalette, Pinsel und Walzen zur Verfügung gestellt hat, sowie der Firma FichtPaletten, bei denen ich alle in diesem Buch verarbeiteten Paletten mit meinen Sonderwünschen erwerben konnte.

Impressum

Genehmigte Sonderausgabe für Weltbild GmbH & Co. KG, Steinerne Furt 68–72, 86167 Augsburg

FOTOS: lichtpunkt, Michael Ruder, Stuttgart (Modelle), Claudia Guther (Arbeitsschrittfotos)

KONSTRUKTIONSZEICHNUNGEN: Ursula Schwab, Haselund

UMSCHLAGGESTALTUNG UND SATZ: K Buch- und Medienproduktion, Katrin Lemmer, Kassel

DRUCK UND BINDUNG: Livonia Print SIA, Lettland

1. Auflage 2016

© 2016 frechverlag GmbH, Turbinenstr. 7, 70499 Stuttgart   ISBN 978-3-7724-8581-7